建设单位 EPC 管理手册

（政府投资项目）

中咨工程管理咨询有限公司　编著

建设单位EPC管理手册（政府投资项目）在对比分析政府投资的EPC模式与经典EPC模式差异的基础上，提出了需要应对的主要风险及相关应对建议，并对建设单位应关注的重点内容进行了系统研究。在总结政府投资EPC项目实践的基础上，提出了包含一般规定、工作内容、工作要求、工作流程等内容的操作指引；同时，提出了各阶段主要工作在实操中需关注的重点注意事项。本手册条理清晰，内容丰富，对政府投资的EPC项目具有良好的指导意义，希望为EPC模式的高质量发展提供参考和借鉴。

本手册适用于政府投资的新建、改建、扩建项目的EPC管理工作人员。

图书在版编目（CIP）数据

建设单位EPC管理手册：政府投资项目/中咨工程管理咨询有限公司编著.—北京：机械工业出版社，2024.2

ISBN 978-7-111-75084-0

Ⅰ.①建… Ⅱ.①中… Ⅲ.①建筑工程-承包工程-工程管理-手册
Ⅳ.①TU71-62

中国国家版本馆CIP数据核字（2024）第028359号

机械工业出版社（北京市百万庄大街22号 邮政编码100037）
策划编辑：李 艳 责任编辑：李 艳
责任校对：王小童 张 薇 封面设计：张 静
责任印制：任维东
北京瑞禾彩色印刷有限公司印刷
2024年3月第1版第1次印刷
184mm×260mm · 12.5印张 · 206千字
标准书号：ISBN 978-7-111-75084-0
定价：79.00元

电话服务 网络服务
客服电话：010-88361066 机 工 官 网：www.cmpbook.com
010-88379833 机 工 官 博：weibo.com/cmp1952
010-68326294 金 书 网：www.golden-book.com
封底无防伪标均为盗版 机工教育服务网：www.cmpedu.com

《建设单位 EPC 管理手册》（政府投资项目）

编写委员会

总策划

王承军

总顾问

陈晓峰　陈东升　代　伟　刘　伟　崔伟华

编委会主编

曾　勃　澹台恒华

编委会副主编

姜笑恒

编委会委员

王　瑀　郭洪梅　于　跃　刘航天　曹　曼

张海宸　朱玉明　梁君宇　孙国庆　邱　进

董　奇　翟宁宁　唐明旭

序　一

党中央赋予北京“四个中心”的城市战略定位，为北京建筑业高质量发展进一步指明了方向，其中的“科技创新中心”定位为北京建筑业的转型升级发展提出了更高的要求。EPC 工程总承包模式是建筑业转型升级发展的重要抓手之一。自 2017 年《国务院办公厅关于促进建筑业持续健康发展的意见》（国办发〔2017〕19 号）提出“加快推行工程总承包”开始，EPC 工程总承包模式的发展进入快车道，广东、江苏、上海等珠三角、长三角相关省市陆续出台相应文件，积极推进 EPC 工程总承包模式。北京市在各区域特别是北京城市副中心大型公建项目建设过程中也进行了有益探索，发布了《北京城市副中心重点工程试点工程总承包建设方式管理办法》等一系列指导性文件，建设者们积极探索 EPC 工程总承包模式的应用，过程中及时总结该模式的实践效果，形成了一整套成果文件。

在大型公建项目实践基础上形成的《建设单位 EPC 管理手册（政府投资项目）》一书，凝结了建设者的辛勤与智慧，章节架构逻辑缜密、内容翔实，在理论及实践层面都有较强的开拓性、创新性，同时，具有良好的可操作性、可复制性、可推广性。希望以书为借鉴，推动政府主管部门、参建企业、科研院所等各相关方齐心协力，主动开展 EPC 工程总承包模式相关的前瞻性、基础性研究工作，解决发展过程中正在或将会遇到理论支撑不强、法规政策不统一、联合体权责不明、风险分担争议及司法实践引领滞后等问题，研究切实可行的解决方案和指导意见，让从业人员熟知 EPC 工程总承包“做什么”，更了解“怎么做”“为什么这么做”以及“将来怎么做”，以推进 EPC 工程总承包模式的进一步推广，为首都建筑业高质量发展发挥更大作用。

北京市重大项目建设指挥部办公室党组书记

序　二

在新发展格局下，建设领域 EPC 工程总承包模式受到越来越多的关注，但 EPC 工程总承包模式在政府投资项目特别是公共建筑领域的应用进展较为缓慢。作为京津冀协同发展的重要组成部分，北京城市副中心建设义不容辞地承担了推动 EPC 工程总承包模式在政府投资公共建筑项目中的创新探索工作。

在北京城市副中心行政办公区二期项目启动时，《房屋建筑和市政基础设施项目工程总承包管理办法》（建市规〔2019〕12 号）、《建设项目工程总承包合同示范文本》（GF-2020-0216）等相关行业内指导性文件尚未发布，项目建设单位积极谋划，统筹推进 EPC 工程总承包模式在该项目的落地。项目建设单位结合发展需求，积极探索，勇于创新，在推进 EPC 总承包模式的工程建设中采取了很多创新做法，如：EPC 模式适用性专题论证、项目部制管理模式、包含 BIM 评审的“四标合一”评标模式、建筑师负责制、限额设计与优化设计、设计监理、驻厂监造、过程结算、智能建造等，在降低相关合同风险、减少设计变更、控制概算、保证质量等多个方面实现了较好的效果，为全面实现建设目标奠定了坚实基础。

基于上述工作，中咨工程管理有限公司和北京市通州区住建委组成 EPC 咨询项目联合课题组，针对政府投资项目 EPC 模式进行了系统性地梳理与研究，共同编制完成此手册。此手册思路清晰，内容丰富，并绘制了相应的流程图，为推广 EPC 工程总承包模式在政府投资项目中的应用提供全面的指引与参考，为北京城市副中心乃至全国提供一个成功的样本，具有十分重要的指导意义。随着 EPC 工程总承包模式在政府投资项目建设领域的广泛普及，相信会进一步提升政府投资项目的综合效益，进一步推动我国建筑业高质量发展。

编著者

前　言

EPC模式最早起源于20世纪60年代的美国，随后在石化、能源、矿业等以工艺过程为主要核心技术的工业领域得到广泛应用。中国EPC项目的发展历史可以追溯到20世纪80年代，1982年化工部印发《关于改革现行基本建设管理体制，试行以设计为主体的工程总承包制的意见》，从而在化工行业开始试行工程总承包模式，之后逐步推广到石化、电力、冶金等各行业。随着宏观经济环境的变化，建筑业发展也面临着转型升级的问题，在房屋建筑和市政基础设施领域采用工程总承包模式是近年来我国建筑业深化改革的新尝试，这对于促进中国建筑业转型升级具有重大意义。

近年来，关于EPC模式的一系列政策文件先后落地，如：《国务院办公厅关于促进建筑业持续健康发展的意见》（国办发〔2017〕19号）、《住房和城乡建设部关于进一步推进工程总承包发展的若干意见》（建市〔2016〕93号）、《房屋建筑和市政基础设施项目工程总承包管理办法》（建市规〔2019〕12号）等文件的出台，预示着在建筑业工程建设管理模式探索过程中EPC工程总承包模式得到越来越多的关注与重视；《国务院办公厅关于促进建筑业持续健康发展的意见》（国办发〔2017〕19号）提出“加快推行工程总承包。装配式建筑原则上应采用工程总承包模式。政府投资工程应完善建设管理模式，带头推行工程总承包”；《住房和城乡建设部关于进一步推进工程总承包发展的若干意见》（建市〔2016〕93号）提出“优先采用工程总承包模式。建设单位在选择建设项目组织实施方式时，应当本着质量可靠、效率优先的原则，优先采用工程总承包模式。政府投资项目和装配式建筑应当积极采用工程总承包模式”；2019年12月住房和城乡建设部、国家发展改革委发布的《房屋建筑和市政基础设施项目工程总承包管理办法》（建市规〔2019〕12号），为EPC工程总承包模式在房建和市政行业的推行提供了政策支持。这些文件为政府投资项目采用工程总承包模式提供了良好的指导。实践中，越来越多的政府投资项目积极响应国家政策，采用EPC工程总承包模式，也为工程总承包模式的实践提供了良好的代表性、示范性和引领性。

不过，相较于在工业领域较成熟的应用，国内房建项目采用 EPC 工程总承包模式的项目数量总体上较少，而政府投资大型公建项目采用 EPC 工程总承包模式的项目更少，政府投资的 EPC 项目可参考的理论及实践很少，对其采用 EPC 模式提出了挑战。政府投资项目的建设单位在拟定采用 EPC 模式时，容易看重 EPC 工程总承包模式管理负担减轻的优势，而忽略 EPC 模式要求项目前期策划周密、建设需求明确等特征。在我国，政府投资的 EPC 项目模式下参与管理单位众多，最终使用者相关需求存在多样性，各方需求需要协调，部分工艺方案确认时间滞后，容易对设计概算确定、造价管理、项目工期、合同管理等造成不利影响。如果前期文件不够成熟，《发包人要求》文件未能充分反映建设单位的真实需求，就有可能造成项目实施过程中的反复审核、设计调整、返工等情形，从而严重影响项目进度，容易造成投资超支的情况。加之政府投资的 EPC 项目面临着安全、质量、环保、审计等一系列新的法规要求，建设单位需要采取多项措施综合平衡相关风险，这就对建设单位的管理水平提出了更高的要求。

在政府投资项目中推行 EPC 工程总承包模式对于政府投资项目的高效、优质和可持续发展具有重要价值。然而，EPC 模式价值的发挥不仅需要 EPC 总承包单位具备先进的技术和管理能力，还需要建设单位具备相关的管理水平。建设单位的管理水平直接影响到 EPC 模式的实施效果，只有建设单位具备较高的管理水平，才能够对项目进行全面、系统的规划和组织，控制好项目的成本、质量和进度，最终确保 EPC 模式能够在项目实施中发挥出最佳效果。考虑到我国采用 EPC 模式的政府投资项目数量总体偏少，因此对现有实施项目的管理经验进行总结提炼、分享传播，出版专门面向建设单位的 EPC 项目管理手册对于我国建设单位的 EPC 项目管理水平的提升就具有非常重要的意义。

本手册参考了国际上 EPC 项目管理的最佳实践，从适用条件、建设资金来源、合同文本、参建单位的选择、建设单位的介入与引导、质量管控、工程变更及调价、概算问题、风险分担、供应链体系、最终使用者的需求、职业责任保险体系、示范引领作用等十四个方面对比分析政府投资的 EPC 模式与经典 EPC 模式差异，同时基于政府投资的 EPC 项目的自身特点，结合经典 EPC 模式的优缺点，总结提炼出建设单位项目部职责和项目部人员岗位职责，重点分析了在项目管理过程中容易产生问题的管理体系、组织模式、整体协作、投资管理等方面的问题，提出了需要应对的主要风险及相关应对建议，制定了一系列具有针对性的管理制度和具体措施，结合建设单位内部职责分工提出了关于 EPC 相关工作的职责建议。基于相关项目实施经验和我国建筑业对信息技术的应用以及可持续发展的要求，本手册对于建设单位应重点关注的内容进行了系统研究，包括设计管理、采购管理、施工管理、招标管理、合同管理、投资管理、进度管理、质量管理、安全管理、绿色建筑管理、BIM 管理、信息及文控管理、风险管理、验收管理及监理管理等。一方面，基于政府投资的 EPC 工程总承包模式管理工作的经验总结，提出了包含一般规定、工作内容、工作要求、工作流程等内容的操作指引；另一方面，基于专业咨询的角度，提出了实操中需要关注的重点注意事项。同时，梳理出了《国务院办公厅关于促进建筑业持续健康发展的意见》（国办发〔2017〕19 号）发布后各省市关于 EPC 工程总承包的政策文件，形成了文件目录便于查找引用。

本手册适用于政府投资的新建、改建、扩建项目的 EPC 管理工作人员。有利于建设单位快速、直观了解政府投资的 EPC 模式与经典 EPC 模式的差异，明确自身职责以及 EPC 工程总承包模式管理的实操工作重点，也为进一步了解现阶段国内各省市 EPC 工程总承包的政策提供了指引，为后续项目采用 EPC 模式提供了有意义的参考和借鉴。

目 录

第一篇

手册内容

第1章 总 则

1.1 主要目的

为进一步提升政府投资项目EPC模式的规范化、科学化、标准化，促进政府投资项目EPC模式的高质量实施，特编制本手册。

1.2 应用范围

适用于政府投资项目的新建、改建、扩建项目的EPC管理。

1.3 主要依据

《工程建设施工企业质量管理规范》GB/T 50430—2017。

《质量管理体系　要求》GB/T 19001—2016。

《环境管理体系　要求及使用指南》GB/T 24001—2016。

《职业健康安全管理体系要求及使用指南》GB/T 45001—2020。

《建设工程项目管理规范》GB/T 50326—2017。

《建设项目工程总承包管理规范》GB/T 50358—2017。

《国务院办公厅关于促进建筑业持续健康发展的意见》（国办发〔2017〕19号）。

《房屋建筑和市政基础设施项目工程总承包管理办法》（建市规〔2019〕12号）。

《建设项目工程总承包合同（示范文本）》（GF-2020-0216）。

1.4 主要应对风险

1.4.1 合同风险

工程建设合同风险的客观存在是由其合同特殊性、合同履行的长期性和合同履行的多样性、复杂性以及建筑工程的特点决定。合同的客观风险是法律法规、合同条件以及行业惯例规定，其风险责任是合同双方无法回避的。合同的风险主要分为两类，一是合同本身的合同条款形成的风险，主要包括，合同价格、结算方式、合同工期、工程款支付、洽商单及变更单、其他费用等风险。二是合同履约过程的风险，即在合同执行过程中形成的风险。

对于具体的合同条款，一方面在内容上需重点关注一些风险点，如：风险分担是否合理，设计文件审核范围是否明确，对设计费的支付节点设置是否科学，逾期竣工违约金最高限额的设置是否合理等。另一方面，政府投资的EPC项目作为EPC工程总承包模式的试点项目，对于一些探索性的具体措施，其合法合规性也是需要重点关注的内容，应充分论证评估以避免可能存在的潜在法律风险。

1.4.2 工期风险

建设单位在拟定采用EPC模式时，容易看重EPC工程总承包模式管理负担减轻，而忽略EPC管理方式前期策划周密、建设需求明确等特征，从而在实施过程中造成工期受制约甚至于工期延误。如果前期文件不够成熟，《发包人要求》文件未能充分反映建设单位的真实需求，就有可能造成项目实施过程中的反复审核、设计调整、返工等情形，从而严重影响项目进度。

1.4.3 投资风险

（1）合同总价高的风险。EPC采用固定总价合同的形式，建设单位与工程EPC总承包单位双方就合同总价达成一致，一般情况下不再随项目实施过程中工程量的变化或外部环境的变化而发生改变。因此，EPC固定总价合同能帮助建设单位尽早确定、控制项目总投资，避免项目投资的不确定性，减少建设单位投资风险。但另一方面，建设单位一般会面临合同总价较高的风险。因为在EPC模式下，EPC总承包单位较DBB模式将承担更多的风险，如设计风险、价格变动风险、不可预见风险等，承包人要求的价格会综合考虑以上各种可能的风险，其投标报价通常较高以达到防范风险的目的。

（2）工程进度款支付管理。主要的风险点在于进度款支付事宜，如：未严格按形象进度支付工程款，进度款支付时手续不完善等，容易导致进度款拖延支付或提前支付的情况发生，不利于提高资金的使用效益，不利于进度管理和造价控制。

（3）设计费支付管理。设计对建设投资的直接影响达 75%以上，政府投资的 EPC 模式中，当 EPC 总承包单位为设计与施工单位组成的联合体时，设计对项目的影响更大，因此对设计的管理十分重要。承包人最关注的就是付款问题，付款时间节点及付款比例将直接影响承包人的设计、施工、采购等工程进度；因此如果付款及支付节点设置不合理，很可能会对工程进度方面造成不利影响。

（4）变更洽商带来的风险。EPC 工程总承包模式下变更产生原因很多，包括建设单位原因引起的工程变更、EPC 总承包单位原因引起的工程变更、其他原因引起的工程变更等，对变更洽商的管理难度较大，为了实现对投资的有效管理、科学控制，建设单位必须对变更洽商这一风险点进行严格管理。

（5）结算审计带来的风险。在 EPC 项目结算时常常发生关于工程价款的争议，对计价标准、价款调整的不同理解往往会造成建设单位和工程 EPC 总承包单位之间的分歧，为项目结算带来阻碍，因此需提前合理解决双方当事人各自应承担的风险。

（6）调价风险。在 EPC 工程总承包模式下，一般工期较长，大量材料及设备采购在整个施工过程中，价格会出现超过合同约定的风险幅度范围的情况，由于材料、设备价格的上涨，会使投资增加。对于价格变化达到合同调价条件的情况，承发包双方均应重视，及时做好各项记录，积极沟通协调，避免发生潜在的争议或风险。

1.4.4 工程品质风险

（1）招标采购阶段。最主要的一项风险点就是招标文件中相关信息资料及技术要求不明确。特别是发包人要求不明确，相关内容对项目概况、项目规模，主要技术经济指标、设计任务书、施工任务书、工期要求、质量要求、安全文明施工要求、相关的法规与技术标准规范等内容未做到全覆盖或者约定不明确，容易引发潜在的风险。

（2）实施阶段。主要的风险点是参建单位对主要材料、设备的把关不严，把关不严易造成不合格材料、设备进入现场、通过验收及在实体中的使用安装等一系列风险。同时，基于 EPC 工程总承包模式的特点，对于建设单位来说，也存在未经发包人同意而擅自变更质量标准的情况，此时超出质量标准要求所造成的后果应由承包商承担。

（3）工程品质与入驻单位的需求不匹配的风险。入驻单位确认时间较为滞后，而且是多家不同的入驻单位，其相关需求与发包人要求明确的工程品质可能会有所冲突。所以，发包人需要确认入驻单位需求，然后落实到《发包人要求》文件中去。

1.5 建设单位项目组织架构

政府投资项目 EPC 模式建设单位管理组织架构（图 1-1-1），可根据政府投资管理的特殊性及各地具体要求进行针对性搭建。一般可按×××工程建设管理办公室为建设法人单位，下设工程建设各类职能部门，最后针对具体项目设立底层管理部门即项目部，项目部对该项目实施的 EPC 单位、监理单位进行管理，完成项目实施管理。

另可根据实际需要，聘请有资质的专业第三方咨询顾问单位协助各项目部管理。第三方顾问可对各项目 EPC 管理过程的方案、措施及管理效果进行分析、评价并及时提出相关建议、改进方案，甚至直接协助项目部进行管理。

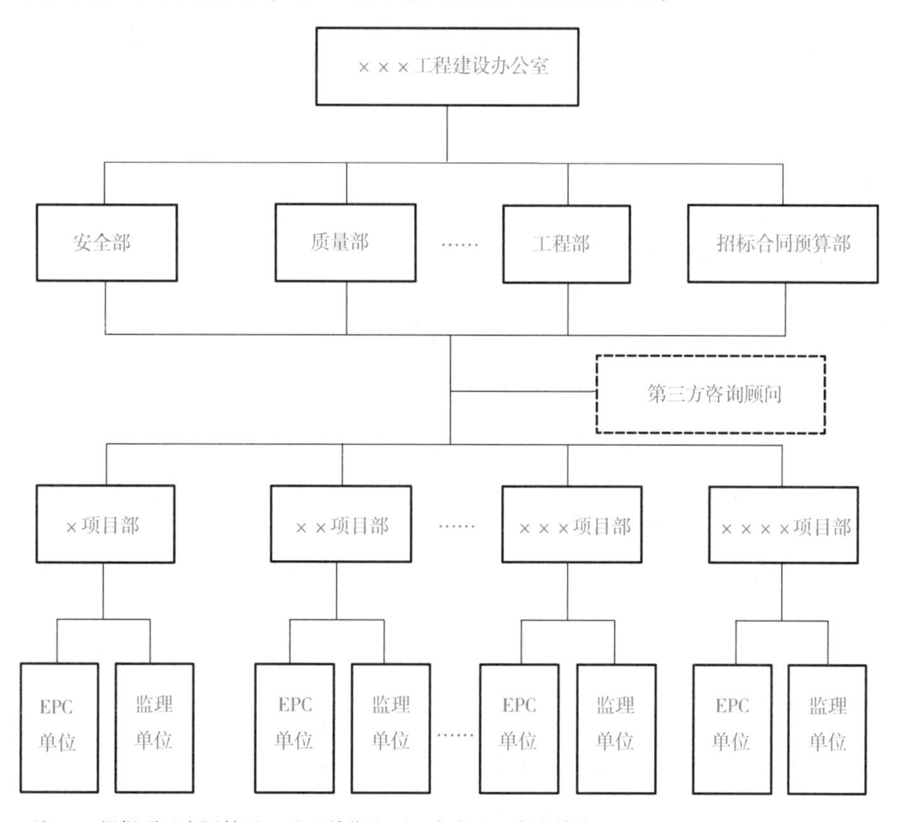

注：1. 根据项目实际情况，监理单位也可以为全过程咨询单位。

2. 第三方咨询顾问在 EPC 项目组织架构的层级根据项目实际情况。

图 1-1-1 政府投资项目 EPC 模式建设单位管理组织架构（参考）

1.6 参建各方主要职责

1.6.1 建设单位主要职责

对工程项目的建设进行全面管理，主要职责：

（1）负责项目的可行性研究、项目立项、招标文件编制等工作，确保项目的合法性和可行性。

（2）组织落实工程项目的各项前期准备工作，完成基础设计文件的审查工作，确保工程项目按计划完成 EPC 招标。

（3）负责组织编制项目管理手册和总体统筹控制计划。

（4）对 EPC 进行检查和监督管理，具有对合同执行全过程的监督权和否决权。

（5）委托监理公司对项目实施监理，并对监理单位的工作进行全面的监督和检查。

（6）委托第三方咨询顾问单位对项目实施法务、安全、质量等专项咨询服务。

（7）负责制订项目协调程序，并按照协调程序的内容对项目全过程的各项工作进行协调、控制、审查和批准。

（8）负责项目的资金管理工作，包括审核项目预算、监督资金使用、报销和结算等，确保项目资金的合理使用和管理。

（9）处置项目实施过程中的安全和质量事故。

1.6.2 监理单位主要职责

（1）协助建设单位完成施工前的各项准备工作。

（2）协助建设单位组织 EPC 单位完成总体统筹控制计划的编制（监理合同范围内工程内容）。

（3）协助建设单位审查 EPC 的分包方案。

（4）受建设单位委托，派人参加设计审查。

（5）审核、批准 EPC 提交的项目实施计划和施工组织设计。

（6）组织详细设计审查，督促 EPC 进行设计交底，并派人参加。

（7）检查、监督 EPC 安全、质量、投资、进度、合同等实施情况，发现问题及时组织整改，保证满足工程品质相关要求。

（8）按规定检查所有工程使用的材料、构配件和设备的质量，并实施驻厂监造，确保物资供应满足工程进度、质量、费用控制要求。

（9）对重要的设计修改和变更，提出意见，做好投资控制。

（10）对 EPC 的工程完成量进行质量确认，审核、签署 EPC 的支付申请。

（11）在项目执行过程中，全面进行合同的管理和控制，协助建设单位处理与本工程项目有关的索赔事宜及合同纠纷。

（12）协助建设单位进行现场的调度协调工作。

（13）协助建设单位建立和完善交工资料的管理制度，督促 EPC 按时整理技术档案资料，审核并及时组织竣工文件的移交。

（14）协助建设单位组织竣工验收工作。

1.6.3　EPC 总承包单位主要职责

EPC 总承包单位负责合同范围内的设计工作、设备材料采购供应、设备监造、建设安装等工作，解决项目过程中出现的设计问题与工程质量问题，直至项目结束，并协助建设单位项目部完成竣工验收。主要职责：

（1）完成项目设计、采购、施工全过程的工程建设任务，接受和服从建设单位的监督和管理。

（2）按照建设单位批准的采购计划和认可的供应商进行分包，EPC 的招标投标活动接受建设单位的监督、质询和批准。

（3）按照合同规定的中间交接内容要求全面完成合同任务，并确保实现考核指标。

（4）按照规定编制各类设计文件、施工方案、专题报告等资料，并按审批的文件方案组织施工。

（5）负责已完工程的成品保护工作。

（6）接受质监站及建设单位委托的监理单位、第三方咨询顾问单位对项目建设进行的质量监督和项目管理。

（7）认真落实各项安全、质量、投资、进度等规定，保证如期安全提交满足合同品质要求的工程产品。

（8）配合建设单位完成竣工结算、竣工验收及审计相关工作。

1.6.4 第三方咨询顾问单位主要职责

根据建设单位需求不同，可对各项目 EPC 管理过程的方案、措施及管理效果进行分析、评价并及时提出相关建议、改进方案，考评 EPC 单位、监理单位合同履约情况，甚至直接协助项目部进行管理。

1.7 建设单位项目部主要职责

×××工程建设管理办公室（简称×××建设单位）设立项目部，由项目部代表×××建设单位对工程项目实施管理。项目部职责及项目部人员岗位职责如下。

1.7.1 建设单位项目部职责

（1）对政府投资的 EPC 项目的安全、质量、进度、成本、环保等管理目标的分解、实施和控制，具体包括项目安全管理、质量管理、设计管理、招标投标及合同管理、资金管理、进度管理、验收管理、资料管理等，参与、配合项目前期手续办理、竣工结算、工程交付等工作。

（2）依据合同管理 EPC 总承包单位、监理单位，检查、督促各参建单位履行主体责任；落实安全、质量、进度、成本、环保等工作要求，制订与总体计划相匹配的资金计划以及设计、施工进度计划；下达工作指令；督促 EPC 总承包单位按照进度计划组织工程所需的主要材料、设备加工订货，确保质量合格的材料按期运到施工现场。

（3）组织设计交底和图纸会审；具体负责设计变更、工程洽商初审组织工作，并按规定完成设计变更、工程洽商流程。

（4）组织项目部会议、现场综合检查工作；落实周报、月报制度，定期向建设单位报告计划完成情况和现场管控情况。

（5）审核现场工程量，审核经监理单位批准的每月项目工程款及相关费用的支付申请并按规定完成支付流程；组织相关单位报送结算资料，并对结算资料的真实性、完整性等进行初审。

（6）组织工程竣工验收、备案及建设单位工程资料的整理和移交。

（7）完成其他任务。

1.7.2　建设单位项目部人员岗位职责

1. 项目负责人

项目负责人主持项目部全面工作，对工程建设全过程和各参建单位进行全面管理协调。依据法律法规和规范标准要求，对需要建设单位项目负责人签字的相关工程资料进行签认。项目负责人同时承担多个项目时，可设副职协助负责项目具体事务性工作。项目副职可以签署项目部日常事务性文件、资料，但法律法规、规范标准要求必须由项目负责人签字的，必须报项目负责人签认方可生效。

2. 质量主管

代表质量管理部、项目部履行项目质量专业管理职责，对工程质量进行管理；负责建设单位质量管理要求的宣贯并督促落实；组织参建单位配合好主管部门及建设单位组织的质量检查；及时反馈现场质量问题并督促落实整改等。

3. 安全主管

代表安全生产部、项目部履行项目安全专业管理职责，对工程安全生产、文明施工、环保、消防、防汛、防疫等工作进行管理；负责安全管理要求的宣贯并督促落实；组织参建单位配合安全检查；负责监督农民工工资落实情况；及时反馈现场安全问题并督促落实整改等。

4. 设计主管

代表项目部履行设计管理职责；制订项目设计进度计划并监督执行；负责项目图纸的收发管理，建立收发台账，编制月度报表；组织项目设计交底，负责设计变更、图纸会审（工程洽商）初审及审批流程的发起，建立设计变更（工程洽商）台账；负责项目设计文件及相关管理资料的收集整理等。

5. 商务主管

代表招标合同预算部、项目部履行合同、造价专业管理职责，牵头项目合同、造价管理工作；负责项目成本情况的初步审查并提出意见；建立项目合同台账，监督参建单位合同中商务条款履行情况并及时反馈；组织工程款支付的初审工作；负责建立资金支付台账，编制月度报表；协助审查设计变更、工程洽商和现场签证并提出意见；配合结算资料收集并全过程参与结算和决算工作等。

6. 建材主管

负责建设单位建材管理相关规定的宣贯督促；督促相关单位制定和落实重要建材招标采购计划、封样计划及信息上报；配合协调重要建材供应问题；督促相关单位开展室内空气质量环保控制工作等。

7. 市政能源主管

负责协调周边市政道路、能源管线等建设、迁改等工作；协调周边道路、能源等市政工程有关单位配合好项目建设等。

8. 信息化主管

代表信息化建设部、项目部履行信息化工程协调管理职责，负责协调信息化工程与土建工程的进度配合等。

第2章　主要术语

2.1　基本管理术语

（1）项目管理。建设工程项目管理是指运用系统的理论和方法，对工程项目进行的计划、组织、指挥、协调和控制等专业化活动，内容包括但不限于投资决策管理、招标管理、合同管理、进度管理、设计管理、采购管理、投资管理、进度管理、质量管理、安全管理、BIM管理、信息管理、风险管理、竣工验收管理等，简称项目管理。本手册“项目管理”主要指建设单位项目管理。本章相关管理术语主要指建设单位的管理。

（2）工程总承包。依据合同约定对建设项目的设计、采购、施工和试运行实行全过程或若干阶段的承包。本手册的“工程总承包”主要是指E（设计）P（采购）C（施工）工程总承包模式。

（3）工程总承包合同。指项目承包人与项目发包人签订的对建设项目的设计、采购、施工和试运行实行全过程或若干阶段承包的合同。

（4）分包合同。指项目承包人与项目分包人签订的合同。

（5）限额设计。指按照投资或造价的限额进行满足技术要求的设计。

（6）方案设计。对拟建的项目按设计依据的规定进行建筑设计创作的过程，对拟建项目的总体布局、功能安排、建筑造型等提出可能且可行的技术文件，是建筑工程设计全过程的最初阶段。

（7）初步设计。在方案设计文件的基础上进行的深化设计，解决总体、使用功能、建筑用材、工艺、系统、设备选型等工程技术方面的问题，符合环保、节能、防火、人防等技术要求，并提交工程概算，以满足编制施工图设计文件的需要。

（8）施工图设计。在已经批准的初步设计文件基础上进行的深化设计，提出各有关专业详细的设计图，以满足设备材料采购、非标准设备制作和施工的需要。

2.2 管理主体术语

（1）发包人。发包人是指委托工程总承包合同的一方及其合法的继承人，包括但不限于投资人、项目建设方（单位）、建设单位或有权限的主管部门等。

（2）建设单位。建设单位是建设工程的投资人，在招标前称发包人。

（3）承包人。按合同约定，被发包人接受的具有项目工程总承包主体资格的当事人，以及取得该当事人资格的合法继承人。也称为 EPC 总承包单位，本手册的“承包人”包括由设计单位与施工单位组成的联合体。

（4）设计。工程 EPC 总承包单位或联合体中的设计单位将项目发包人要求转化为项目产品描述的过程。即按合同要求编制建设项目设计文件的过程。

（5）采购。工程 EPC 总承包单位或联合体中的施工单位为完成项目而从执行组织外部获取设备、材料和服务的过程。包括采买、催交、检验和运输的过程。

（6）施工。工程 EPC 总承包单位或联合体中的施工单位为把设计文件转化为项目产品的过程，包括建筑、安装、竣工试验等作业。

（7）分包人。承担项目的部分工程施工或服务并具有相应资格的当事人。对应施工单位则称为分包单位。

（8）专业咨询单位。专业咨询单位是指依据发包人委托，围绕建设项目需求，提供投资、勘察、设计、造价、招标代理、监理等专业咨询工作的咨询单位。

（9）相关方。能够影响决策或活动、受决策或活动影响，或感觉自身受到决策或活动影响的个人或组织。

2.3 管理类别术语

（1）招标管理。为实现招标目的，按照相关规定组织实施招标工作所进行的计划、组织、指挥、协调和控制等活动。

（2）合同管理。对项目合同的编制、订立、履行、变更、索赔、争议处理和终止等管理活动。

（3）设计管理。对项目设计工作进行的计划、组织、指挥、协调和控制等活动。

（4）采购管理。对项目的勘察、设计、施工、监理、供应等产品和服务的获得工作进行的计划、组织、指挥、协调和控制等活动。

（5）投资管理。为实现项目成本目标并控制在批复概算范围内而进行的预测、计划、控制、核算、分析和考核活动，也称为成本管理、费用管理。

（6）进度管理。为实现项目的进度目标而进行的计划、组织、指挥、协调和控制等活动。

（7）质量管理。为确保项目的质量特性满足要求而进行的计划、组织、指挥、协调和控制等活动。

（8）安全管理。为使项目实施人员和相关人员规避伤害及影响健康的风险而进行的计划、组织、指挥、协调和控制等活动。

（9）BIM 管理。对 BIM（建筑信息模型）在工程项目中各种应用的计划、组织、指挥、协调和控制等活动，包括对 BIM 软件、硬件综合开发使用及应用成果的管理。

（10）信息管理。对项目信息的收集、整理、分析、处理、存储、传递和使用等活动。

（11）项目风险管理。对项目风险进行识别、分析、应对和监控的过程。包括把正面事件的影响概率扩展到最大，把负面事件的影响概率减少到最小。

（12）验收管理。项目实施完成后参建各方进行预验收及正式验收的计划、组织、协调和控制等活动。

（13）监理管理。建设单位依据合同对监理单位实施的一系列管理活动。

（14）建筑师负责制。由主持项目施工图设计的注册建筑师及其设计团队，依托所在设计单位为实施主体，依据合同约定，在工程建设全过程中提供设计咨询管理服务，对设计相关技术、造价、进度、质量、安全等进行重点管控，最终将符合建设单位要求的建筑产品和服务交付给建设单位的工作模式。

（15）驻厂监造。是指工程参建单位按照合同约定、产品规范标准、施工图要求及施工进度需要，组织对约定的重要建材设备的生产质量、供应实施监督检查的过程。

第 3 章　政府投资项目 EPC 模式

3.1　政府投资项目 EPC 模式的特点

3.1.1　政策方面

近年来，《国务院办公厅关于促进建筑业持续健康发展的意见》（国办发〔2017〕19 号）、《住房和城乡建设部关于进一步推进工程总承包发展的若干意见》（建市〔2016〕93 号）、《房屋建筑和市政基础设施项目工程总承包管理办法》（建市规〔2019〕12 号）等一系列文件的出台，各省市也相继出台了相关政策文件，具体详见附录 A。

3.1.2　工程模式方面

（1）相较于在工业领域较成熟的应用，国内房建项目采用 EPC 工程总承包模式的项目较少，政府投资大型公共建筑项目采用 EPC 工程总承包模式的项目更少，政府投资的 EPC 项目可参考的理论及实践很少，对其采用 EPC 模式提出了挑战。

（2）现阶段，由于同时具备与工程规模相适应的设计和施工资质单位较少，目前总承包单位多为具有相应资质的设计单位和施工单位组成的联合体。从过去的市场情况来看，由设计单位牵头的工程总承包在市场中占有的份额最大，但近几年，市场不断涌现出工程总承包发展突出的施工企业，取得了一定的成绩。[1] 因此采取 EPC 模式的政府投资项目 EPC 总承包单位现阶段多为联合体组成，如何做好联合体成员的整体协调，充分发挥设计作用，从而真正实现 EPC 协作优势，需参建各方共同推动实现。

（3）政府投资的 EPC 项目关于工程咨询或监理工作，可采取传统模式下的招标代理、造价咨询、工程监理等各单项咨询工作并行的模式，也可以采用“全过程工程咨询”模式。

3.1.3　项目自身层面

（1）政府投资的 EPC 项目的建设方、产权方、使用方、运营方可能为多个单位，存在着管理分散、需求不统一、沟通协调工作量大等特点。

（2）政府投资的 EPC 项目相应的市政配套及道路等需协同推进，对于立项、招标及施工等工作的论证及实施增加了难度。

（3）政府投资的 EPC 项目一般设置的质量目标较高，如鲁班奖、长城杯等，对安全、质量、工期、造价、文档、科技创新等工作提出了更高的要求，需要全面做好项目实施的过程管理工作，对所有参建方均是一项挑战性工作。

（4）政府投资的 EPC 项目承担着 EPC 相关理论及实践创新研究、引领后续项目实施的重要使命，过程中对于招标采购、合同管理、BIM 应用、设计管理等重点工作要及时总结经验。

3.2　政府投资项目 EPC 模式与经典 EPC 模式的特征比较

政府投资项目的 EPC 模式因存在不同于经典 EPC 模式的一些特点，需要将其与经典 EPC 模式进行对比分析，分析见表 1-3-1。

表 1-3-1　经典 EPC 模式与政府投资的 EPC 模式特点比较

序号	类别	经典 EPC 模式的特点	政府投资的 EPC 项目模式的特点
1	适用条件	EPC 工程总承包适用于投资规模大、工期长并且以工艺过程为主要核心技术的工业项目建设领域，建设内容明确、技术方案成熟	政府投资的 EPC 项目模式适用于规模较大、技术要求较高、长期投资回报、政府资金充足、法律法规支持、市场需求稳定、政府监管能力强的项目
2	建设资金来源	国际上 EPC 项目资金来源比较多元化，投资主体有可能是政府，也有可能是私营投资，或者政府与私营共同投资，其中私营投资占较大比例	政府投资 EPC 项目的资金通常来自政府预算、政府贷款、政府基金或其他政府资金渠道。政府作为项目的资金提供者，对项目的资金使用和管理有着严格的要求和监督

（续）

序号	类别	经典 EPC 模式的特点	政府投资的 EPC 项目模式的特点
3	合同文本	一般采用经典的 FIDIC《设计采购施工（EPC）/交钥匙工程合同条件》为合同基础，进行相应调整或补充	通常采用 EPC 合同，需要综合国内《房屋建筑和市政基础设施项目工程总承包管理办法》《建设项目工程总承包合同示范文本》等文件，并补充相应设计内容，结合过往项目的合同实施的相关经验教训，制定合同文本。合同的适用性需要在实践中不断累积经验，对发现的不足通过补充协议等形式及时进行调整，从而不断完善合同的适用性、规范性
4	EPC 总承包单位的选择	建设单位按招标文件选择合适的 EPC 总承包单位，与 EPC 总承包单位签订工程总承包合同，建设单位主要负责整体建设项目目标的管理和控制；由 EPC 总承包单位对项目的设计、采购、施工全面负责，项目责任明确	可以克服传统 DBB 模式项目的设计施工分离、建设单位管理协调难度大等弊端，不需要与分包商、供货商等签订多个合同投入大量协调工作。如果建设单位选择 EPC 总承包单位的范围窄，特别是设计施工双资质的承包商可选择的范围小，可以考虑联合体，建设单位需要从合同、管理制度等多方面进行管理，与 EPC 总承包单位共同努力，充分发挥设计施工融合等优势
5	咨询单位的选择	国际上通常采用 FIDIC 的“工程师”模式，工程师实施相对统一的咨询管理工作	政府投资的 EPC 项目在采取传统模式下招标代理、造价咨询、工程监理等各单项咨询工作并行模式的基础上，越来越多地采用“全过程工程咨询”模式
6	建设单位的介入与引导	经典 EPC 模式要求 EPC 总承包单位具有很高的总承包能力和风险管理水平。在项目实施过程中，对于设计、施工和采购全权负责，指挥和协调各分包商，处于核心地位。建设单位介入具体组织实施的程度不高，EPC 总承包单位更能发挥主观能动性	政府投资的 EPC 项目的 EPC 总承包单位，现阶段多为联合体，考虑到项目的特殊性及重要性，实际工作中建设单位对项目工作特别是设计、采购等方面的管理比较细。建设单位可以制定相关办法予以控制

（续）

序号	类别	经典 EPC 模式的特点	政府投资的 EPC 项目模式的特点
7	质量管控	建设单位参与工程管理人员数量相对较少，一般委托建设单位代表进行管理，主要对重点部位进行质量检查把关，重点根据合同约定通过（竣工）检验进行质量管理	考虑到政府投资项目的特点，建设单位对项目实施过程的质量管控并未实质性放松，在严格把关的基础上，通常还借助第三方专业力量进行质量巡视把关。通过合同及相关制度对承包人提出了有利于质量控制的相关要求
8	工程变更及调价	EPC 总承包模式的基本出发点在于促成设计和施工从早期开始的全过程结合，整合项目资源，实现各阶段无缝连接，实行固定总价控制，过程中的变更洽商较少，成熟的 EPC 项目调价也比较少	合同采用固定总价，项目实施过程中可能会有相应的变更洽商、调价或者补充协议，对建设单位在过程造价管理方面的工作增加了不小的难度
9	概算问题	项目一般采用固定总价、固定工期，项目的最终价格和工期一般具有很大程度的确定性	随着近年来《政府投资条例》等一系列文件的发布实施，“严禁超概”成为政府投资项目一道红线。政府投资的 EPC 项目，在执行相关规定、落实过程结算、概算控制方面面临着更大的压力。合同中要求承包人在开展各项工作过程中必须始终坚持限额设计原则，所提交的各类设计成果均不得突破批准的设计概算；招标控制价需与概算批复对比分析、施工图预算结果与概算批复对比分析；结算时除设计费外的竣工结算合同总价不得超过国家发展改革委批复的概算金额，如超出批复的概算金额，则相应结算价格为对应批复的概算金额
10	风险分担	EPC 总承包单位在保证最终结果能够满足建设单位规定功能标准的前提下，有自主选择工作实施方式的权限。而建设单位对 EPC 总承包单位的工作只进行有限的控制。建设单位承担的风险小	政府投资的 EPC 项目面临着安全、质量、环保、审计等一系列新的法规要求，建设单位需要采取多项措施综合平衡相关风险，一定程度上加大了建设单位的风险，并对建设单位的工作人员提出了更高的工作要求。承包人对合同的完成情况与建设单位的目标管理、绩效管理密切相关，双方的风险应合理分担

（续）

序号	类别	经典 EPC 模式的特点	政府投资的 EPC 项目模式的特点
11	供应链体系	具有比较成熟、稳定的市场供应链体系	受到建筑行业大环境变化的影响，与承包人具有良好合作关系的一些供应商进入政府投资的 EPC 项目需要有一个关于价格、政策、标准相互磨合适应的过程，加之受到近年来环保政策收紧等因素影响，容易影响供应链的正常运行
12	最终使用者的需求	工业项目的最终使用者多数为发包人，即使最终使用者与发包人为不同单位（如保障房项目等），对于使用者的需求也都比较明确	政府投资的 EPC 项目最终使用者相关需求存在多样性，这对相关需求提出了更高的要求
13	职业责任保险体系	有比较成熟的职业责任保险体系，承保承包人（包含设计、施工、采购等）、咨询单位等相关方的职业责任风险	对于职业责任保险体系的推动尚处于探索阶段。如，对工程质量缺陷责任保险的规定仅是“鼓励工程 EPC 总承包单位进行投保”
14	示范引领作用	各方面建设要求和条件相对成熟，除重大项目外，一般对项目本身的示范引领作用没有明确要求	采用 EPC 模式的政府投资项目数量总体偏少，承担着 EPC 相关理论及实践创新研究、示范引领后续项目实施的重要使命

第 4 章　设计管理

4.1　一般规定

（1）建设单位必须考虑各个专业之间、系统设计与具体节点设计之间互提资料的需要，制订资料互提的要求和提交时间，避免由于工作上的疏忽影响设计进度。

（2）建设单位提供成果的内容和深度（特别是前期设计阶段的成果文件）应符合有关规定的要求，要严格把关，精心设计，由浅入深、循序渐进，满足下阶段工作的需要。

（3）建设单位根据工程实施的需要，在计划、工期上要根据工程总体策划考虑工程招标投标、设备采购、施工组织所需要的时间，组织前期设计单位按时交付相关成果文件。

（4）方案设计及优化审查、初步设计及优化审查、施工图设计优化及审查需体现投资控制的理念，注意前期设计单位与 EPC 设计单位、EPC 设计单位与施工单位的工作衔接，并满足 EPC 施工的需要。

（5）建设单位提供准确、全面的初步设计文件，有利于 EPC 相关工作的顺利实施。

（6）由于设计管理贯穿于整个项目的各个阶段，可能会涉及不确定性技术因素的影响，为了增强各个要素之间的群体效应，必须对可能出现的问题及时做出调整，采取措施，以平衡外界中各种因素的变化，使管理系统的运行处于动态平衡。[2]

4.2　工作内容

（1）决策阶段：审核设计任务书；审查设计单位资质；确定设计单位；装配式设计管理；BIM 设计管理；绿色建筑设计管理（含装配式、海绵城市）。

（2）方案设计阶段：明确设计范围；划分设计界面及衔接条件；审查项目设计方案；督促设计单位完成方案设计任务。

（3）初步设计阶段：督促设计单位完成初步设计任务；配合完成设计概算；组织评审初步设计。

（4）施工图设计阶段：该阶段要注意与前期设计单位的工作衔接。主要工作有：组织各专业审查、汇总审查意见讨论、图纸提交、报审。

（5）施工阶段：充分引导发挥 EPC 设计施工融合的特点，及时督促专业单位为施工现场提供技术服务；组织设计交底和图纸会审；进行施工现场的技术协调和界面管理；进行工程材料设备选型和技术管理；审核、处理设计变更、工程洽商、签证；根据施工需求组织或实施设计优化工作；组织关键施工部位的设计验收管理。

（6）竣工验收阶段：组织项目竣工验收；要求 EPC 设计单位对设计文件进行整理和归档。

（7）工程项目的进度，不仅受施工进度的影响，设计阶段的工作往往会直接影响着整个工程的进度。还有设计变更，设计质量的好坏也对工程进度有重要影响。项目设计管理所要控制的进度主要是指设计阶段的进度控制和设计变更的进度控制。[3]

4.3 工作要求

4.3.1 设计管理过程控制要求

（1）设计实施计划的审定：设计管理负责人应对设计单位提交的“设计实施计划”予以审定，对设计输入、设计实施、设计输出、设计评审、设计验证、设计变更等重要过程的要求及流程予以明确。[4]

（2）设计质量控制：主要是对设计方的设计服务活动及提交的设计文件的控制，审查设计单位各阶段各专业提交的成果文件。要求设计文件必须符合《建筑工程设计文件编制深度规定》的要求并通过施工图设计文件审查机构审查。

（3）设计进度控制：审查设计总进度计划、阶段设计进度计划、各专项设计进度计划；各设计专项设计进度计划与总设计进度计划的协调与保持；建立设计管理例会和专题协调会议制度；动态跟踪计划检查等。

（4）设计投资控制：宜应用价值工程和限额设计等多种管理技术方法结合，对建设项目的投资实施有效的控制。

（5）设计管理沟通要求：设计管理部门应建立与项目相关方沟通管理机制，建立项目整体的外部沟通协调机制，健全项目协调制度。项目实施过程中所涉及的政府部门、事业机构、社会组织、周边社区等，需要建立统一的外部沟通渠道及相应的快速沟通机制，确保建设过程中的各种外部问题得到快速解决。

（6）设计文件管理要求：设计文件资料管理要依据国家有关规定，建立规范的资料管理档案和管理制度。设计文件的签收和分发保证双方收发确认并签字认可。

（7）建筑师负责制的要求：实行建筑师负责制。从施工图设计开始，由建筑师统筹协调建筑、结构、机电、环境、景观、节能、绿建等各专业设计，在此基础上延伸建筑师服务范围，按照权责一致的原则，建筑师依据合同约定提供项目策划、技术顾问咨询、施工指导监督和后期跟踪等服务。

（8）设计人员的管理要求：设计负责人必须与承包人投标时所承诺的人员一致，并根据合同条款确定的开始工作日期前到任。经监理人及发包人核查，到任的设计负责人与承包人投标时所承诺的人员不一致的，承包人应承担违约责任并向发包人支付违约金。未经发包人书面许可，承包人不得更换设计负责人。承包人设计负责人的姓名、注册证书号等细节资料应当在合同协议书中载明。

（9）总承包人编制设计进度计划和设计方案说明的内容：设计开始工作时间、设计工作内容、设计工作方案、设计各阶段成果提交时间、合同实施过程中设计的配合工作、需要发包人配合的内容等。

（10）EPC总承包在编制分阶段或分项设计进度计划和设计方案说明的内容：施工图设计、合同实施过程中设计等阶段出进度计划与设计方案。分项设计出进度计划与设计方案。

（11）对涉及质量、安全或对投资影响重大的设计部位计算，须提供设计基础数据、计算原理及方法、计算结果等；设计人员要随时掌握施工现场实际情况，加强设计施工协同配合，保证设计深度满足施工需要，减少施工过程设计变更。

（12）建设单位要求EPC设计单位必须满足施工实际的需要尽量详尽、准确；设计交底要听取建设单位、监理及施工分包商的意见，完善设计，使项目尽善尽美。

（13）EPC 设计单位对设计基础数据和资料进行检查和验证，并经发包人确认后使用。设计调整按本承包人有关专业之间互提条件的规定，协调和控制各专业之间的接口关系。

（14）设计工作应按设计计划与采购、施工等进行有序的衔接并处理好接口关系。

（15）建设单位应于 EPC 设计单位沟通建立设计变更程序，并在实施中认真履行，有效控制由于设计变更引起的费用增加。

（16）建设单位要求 EPC 设计单位设计计划满足合同约定的质量目标与要求、相关的质量规定和标准，同时满足本承包人的质量方针与质量管理体系以及相关管理体系的要求；应明确项目费用控制指标、限额设计指标；设计进度应符合项目总进度计划的要求，充分考虑设计工作的内部逻辑关系及资源分配、外部约束等条件，并应与工程勘察、采购、施工、验收等的进度协调；制定目标的依据确切，保证措施落实、可靠。

（17）确保合同约定的设计出图时间表和各阶段审批环节。

（18）拟定本工程项目设计阶段的投资、质量和进度目标；控制项目总投资，确保质量和进度。

（19）组织施工图设计的会审，纠正图纸中的错、漏、碰、缺。

（20）施工前，应进行设计交底，说明设计意图，解释设计文件，明确设计要求。

4.3.2 设计深度要求

（1）施工图设计阶段：设计深度必须满足现行国家标准规范的要求；依据招标文件中的发包人要求及招标文件中的其他要求，编制施工图。完成施工图设计阶段 BIM 模型，且模型细度应达到建设单位要求标准；施工图设计文件完成后，送发包人认可并按相关规定通过相关政府主管部门批准和行业主管部门认可的施工图审查单位审查，并通过审查。

（2）施工配合阶段：EPC 总承包单位按发包人要求指定专人负责本项目从开工到竣工验收全过程的施工技术配合工作；负责施工过程中有关设计的问题；负责施工现场指导，并从设计角度进行施工监督；及时处理现场设计变更，并按合同约定提供设计变更图纸；按有关规定参加分部分项工程、隐蔽工程验收和竣工验收；完成 BIM 深化设计模型，且模型细度应达到建设单位要求的标准，并符合建设单位对于 BIM 应用管理的其他要求。

（3）设计深度总体要求：各阶段、各专业深化设计需满足政府相关主管部门和审查部门审查批准的要求。在设计工作过程和成果审查审批过程中，根据相关修改意见对设计成果进行及时调整和深化，达到最佳效果。各阶段设计图必须按现行国家建筑设计技术规范及《建筑工程质量管理条例》《建设工程勘察设计管理条例》以及国家和地方有关工程设计管理法规、规章和规定进行设计，并满足相关规划等主管部门相关审批要求。设计过程中必须考虑工程的实施条件和实际可操作性，选用合理经济的设计。特别是关键工序，应明确提出详细工艺要求或工作步骤，确保工程能保质量、保安全的按设计实施。

4.3.3　建筑师负责制的要求

1. 人员要求

施工图设计单位为建筑师负责制的实施主体。持法人授权委托主持项目设计工作的注册建筑师为责任建筑师；项目设计团队及相关技术人员为建筑师负责制的建筑师团队。责任建筑师是建筑师团队的负责人，负责组建建筑师团队，对建筑师负责制的实施情况负总责；建筑师团队人员根据分工开展工作，对本专业内工作负责；设计单位内部人员不能满足建筑师负责制工作要求时，应优先聘用本项目方案设计、初步设计及施工单位的专业技术人员承担部分工作。

责任建筑师和建筑师团队应满足以下要求：

责任建筑师应具有主持项目设计要求的资格及资质，一般应有主持完成过同类型、同规模项目设计工作，具有项目设计管理工作经验。建筑师团队应满足建筑师负责制的工作需要，配备具有工程设计、工程管理、造价咨询等工作经验的专业人员，建筑师团队人员数量必须满足项目需求，应包括建筑、结构、给水排水、暖通空调、建筑电气、信息化、幕墙、装饰装修、市政、园林、绿建、节能、BIM 等专业；工程管理人员、造价咨询人员满足项目需求。建筑师团队人员可根据工程进度和工作需要分阶段开展工作。

2. 建筑师工作要求

高质量推进规划落地。贯彻落实项目所在地控制性详细规划，满足优质、安全、绿色、节能、环保的设计要求，精心打造好每一栋建筑，体现当地建筑规划质量。

统筹管理各专业设计和专项设计。履行设计总承包管理职责，要求各专业设计人员和深化设计人员，严格依据法律法规、批准文件、规范标准、设计深度、设计合同、勘察成果文件开展工程设计工作；统筹协调各专业设计以及钢结构、幕墙、装饰装修、信息化、园林绿化、泛光照明、燃气（厨房、充电桩、洗车房如有）等专项设计的设计深度和外部接口条件，并对设计成果文件进行审核签认；对施工单位、生产厂商完成的施工图深化设计进行审核签认。

严格执行限额设计。施工图设计、深化设计、设计变更、工程洽商等环节，应严格执行建设单位各项限额设计、优化设计的技术措施，确保工程设计概算、施工图预算不突破投资限额指标。

负责图纸会审和设计交底工作。组织各施工图设计团队对施工图设计文件的设计情况、设计要点、技术难点、注意事项等进行详细交底和说明，并书面解答施工单位对设计文件的疑问。

配合报装、报审和招标工作。根据手续办理、图纸审查和市政报装等要求，及时提交相关图纸，配合相关工作；根据招标工作安排，按时提交施工图和技术规格书。

提出保障安全施工建议。要防止因设计不合理导致的生产安全事故，应考虑施工安全操作和防护的需要，在设计文件中注明涉及施工安全的重点部位和环节，并对防范安全生产事故提出指导意见；采用新结构、新材料、新工艺和特殊结构的，应在设计中提出保障施工作业人员安全和预防生产安全事故的措施建议。

参加材料封样和工程验收工作。组织设计人员和驻厂人员参加材料封样、关键工序、重要节点的首段首件和样板验收，参加分部工程验收、单位工程验收和竣工验收，向建设单位出具验收意见，提交质量检查报告，并在竣工验收后对项目的创新点、经验、教训等进行总结；配合建设单位开展工程决算工作。

做好驻场服务工作。从工程主体结构开工到工程完工全过程，组织相关专业设计人员分阶段驻施工现场服务，解决施工中出现的设计问题，解答设计相关的疑难问题；指导施工单位按照设计文件要求组织施工；依据施工图和投资限额指标对重要建筑材料、设备的进场、验收等环节进行审核确认。

完成法律法规和合同约定的其他设计工作。

3. 建筑师主要权限

复核重要技术方案。责任建筑师及建筑师团队应对重要技术方案的可实施性和其中计算书部分进行复核，包括受力工况、计算假定、荷载取值、计算过程等，确保施工方案安全可行。

管控重点工序、重要部位工程质量。责任建筑师及建筑师团队应编制各专业关键节点技术风险清单，对影响结构安全、使用功能和观感效果的重点工序、重要部位提出明确质量要求；对各参建单位是否按设计要求开展施工进行技术监督，组织专业人员对施工过程进行检查；抽查施工单位、供应厂商等单位的履职情况。

配合重要材料设备驻厂监造。责任建筑师及建筑师团队应对需要进行驻厂监造的重要材料设备技术参数进行审核确认，对造型、颜色、功能等有特殊要求的，设计单位应编制驻厂监造方案，并安排专人驻厂监造。

统筹建设过程 BIM 模型。责任建筑师及建筑师团队应组织相关单位统一设计阶段和施工阶段的 BIM 模型，发挥三维展示、快速算量、精确计划、碰撞检查，虚拟施工，有效协同、决策支持等作用，提高建筑质量、缩短工期、降低建造成本；同时整合项目各种相关信息，实现在建筑全生命周期过程中进行共享和传递。

审核施工预算。责任建筑师及建筑师团队应组织对施工单位编制的施工预算进行审核，并出具审核意见，对施工预算中的不合理项提出修改要求，确保工程总投资不超过批复的投资限额指标。

复核进度款支付。责任建筑师及建筑师团队应组织对监理单位审核过的工程款支付审批表中工程量、支付金额进行复核，并根据施工进度、工程质量、履职履责等情况签署复核意见。

配合竣工移交。责任建筑师及建筑师团队应组织各参建单位编制工程竣工图和建筑使用说明书，组织指导培训物业等相关人员正确操作使用各种仪器设备。

4.4　工作流程

建设单位初步设计、施工图设计管理流程图如图 1-4-1 所示。

建设单位设计变更或工程洽商工作管理流程图如图 1-4-2 所示。

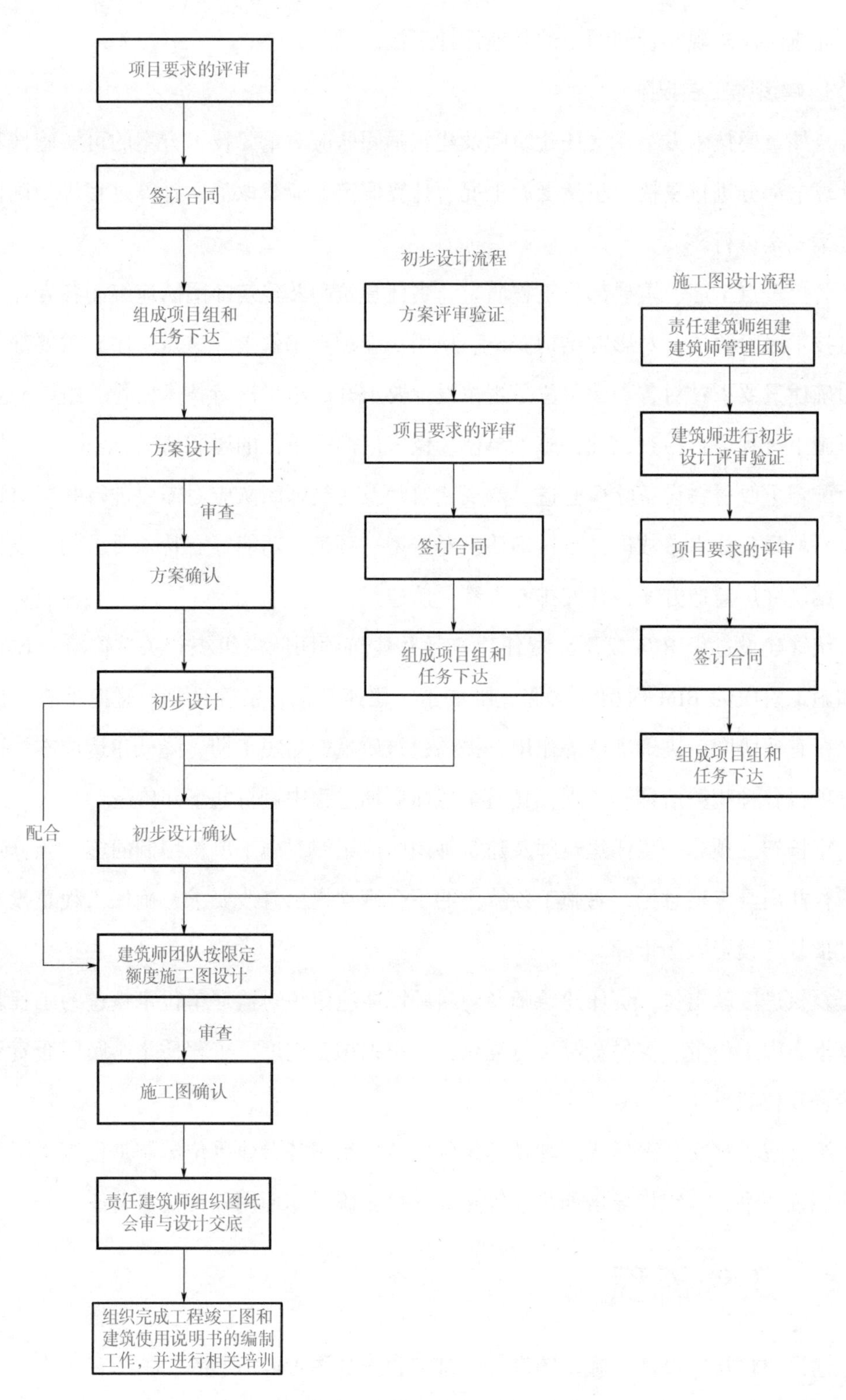

图 1-4-1　建设单位初步设计、施工图设计管理流程图

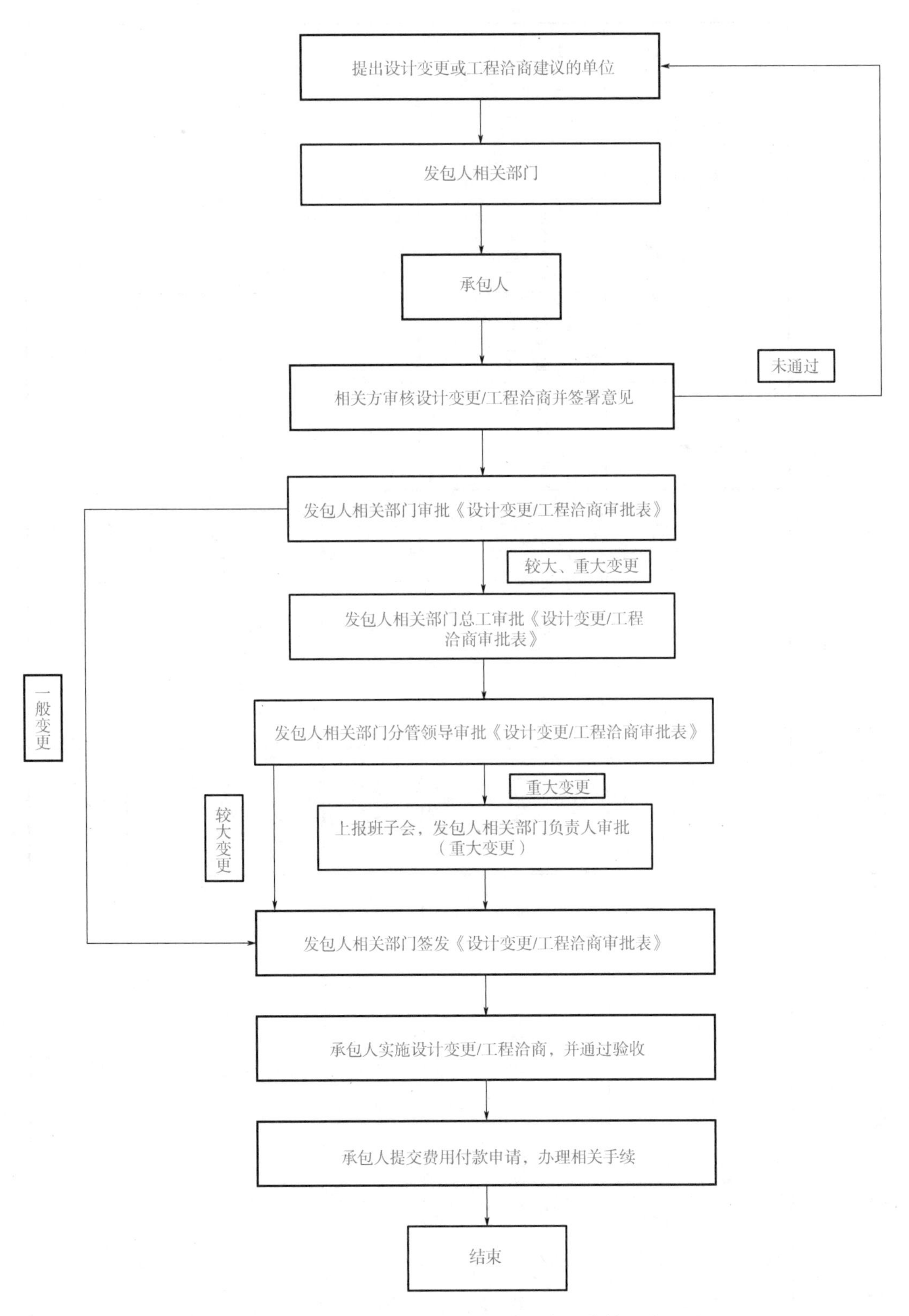

图 1-4-2　建设单位设计变更或工程洽商工作管理流程图

建设单位设计变更/工程洽商/现场签证管理表见表 1-4-1。

表 1-4-1　建设单位设计变更/工程洽商/现场签证管理表

工程名称							资料类别	建筑类 设计变更/工程洽商/现场签证 （按专业分类：建筑、结构、给水排水、暖通、电气等）			
资料编号	内容摘要	编制单位	日期	变更原因	设计变更/工程洽商/现场签证是否签认	现场是否已实施	EPC 施工单位预算金额/万元	监理单位审核金额/万元	咨询公司审核金额/万元	是否存在价格争议	需求提出单位及资金来源

建设单位设计变更/工程洽商审批表见表 1-4-2。

表 1-4-2　建设单位设计变更/工程洽商审批表

<table>
<tr><td>工程名称</td><td colspan="2"></td><td>编号</td><td colspan="2"></td></tr>
<tr><td>提出单位</td><td colspan="2"></td><td>主提专业</td><td colspan="2"></td></tr>
<tr><td>涉及专业</td><td colspan="2"></td><td rowspan="2">类别</td><td colspan="2">□变更　□洽商</td></tr>
<tr><td>内容摘要</td><td colspan="2"></td><td colspan="2">□重大　□较大
□一般</td></tr>
<tr><td colspan="6">情况描述（原因、内容、部位、做法、参数等，可附图表）
一、变更原因
二、变更内容
（1）原做法：（是否实施）
（2）现做法：
三、工期影响（是否影响）
四、变更前工程现状附后（详见工程签证记录）
五、造价变化附后（或不涉及造价变化）</td></tr>
<tr><td>EPC
总承包单位</td><td colspan="2">意见：
经办人：　　　年　月　日</td><td colspan="3">意见：
项目负责人：　　　年　月　日</td></tr>
<tr><td>监理单位</td><td colspan="2">意见：
经办人：　　　年　月　日</td><td colspan="3">意见：
总监理工程师：　　　年　月　日</td></tr>
<tr><td>造价单位</td><td colspan="2">意见：
经办人：　　　年　月　日</td><td colspan="3">意见：
项目负责人：　　　年　月　日</td></tr>
<tr><td>建设单位</td><td colspan="2">意见：
经办人：　　　年　月　日</td><td colspan="3">意见：
项目负责人：　　　年　月　日</td></tr>
</table>

注：考虑工程项目五方责任主体的有关规定及现阶段 EPC 模式存在联合体的实际情况，表格中单列 EPC 施工单位和 EPC 设计单位，也可根据实际情况统一为 EPC 总承包单位。

说明：本表一式五份，建设单位一份，EPC 设计单位、EPC 施工单位、监理单位、造价单位各一份。

建设单位一般设计变更/工程洽商审批表见表 1-4-3。

表 1-4-3　建设单位一般设计变更/工程洽商审批表

<table>
<tr><td>工程名称</td><td></td><td>编号</td><td></td></tr>
<tr><td>提出单位</td><td></td><td>主提专业</td><td></td></tr>
<tr><td>涉及专业</td><td></td><td rowspan="2">类别</td><td>□变更　□洽商</td></tr>
<tr><td>内容摘要</td><td></td><td>□重大　□较大
□一般</td></tr>
<tr><td colspan="4">情况简述</td></tr>
</table>

<table>
<tr><td rowspan="3">建设单位</td><td>工程部</td><td>意见：

经办人：　　　　年　月　日</td><td>意见：

部门负责人：　　　　年　月　日</td></tr>
<tr><td>招标合同预算部</td><td>意见：

经办人：　　　　年　月　日</td><td>意见：

部门负责人：　　　　年　月　日</td></tr>
<tr><td>分管负责人</td><td colspan="2">意见：

年　月　日</td></tr>
</table>

注：1. 本表用于审核审批设计变更会签部门根据设计变更内容进行调整。

2. 请各相关部门依照部门工作职责对有关内容进行审核。

建设单位较大、重大设计变更/工程洽商审批表见表 1-4-4。

表 1-4-4　建设单位较大、重大设计变更/工程洽商审批表

<table>
<tr><td colspan="2">工程名称</td><td colspan="2"></td><td>编号</td><td></td></tr>
<tr><td colspan="2">提出单位</td><td colspan="2"></td><td>主提专业</td><td></td></tr>
<tr><td colspan="2">涉及专业</td><td colspan="2"></td><td rowspan="2">类别</td><td>□变更　□洽商</td></tr>
<tr><td colspan="2">内容摘要</td><td colspan="2"></td><td>□重大　□较大　□一般</td></tr>
<tr><td colspan="6">情况简述</td></tr>
<tr><td rowspan="4">建设单位</td><td colspan="2">工程部</td><td>意见：
经办人：　年　月　日</td><td colspan="2">意见：
部门负责人：　年　月　日</td></tr>
<tr><td colspan="2">招标合同
预算部</td><td>意见：
经办人：　年　月　日</td><td colspan="2">意见：
部门负责人：　年　月　日</td></tr>
<tr><td colspan="2">分管负责人</td><td colspan="3">意见：
年　月　日</td></tr>
<tr><td colspan="2">总负责人</td><td colspan="3">意见：
年　月　日</td></tr>
</table>

注：1. 本表用于审核审批设计变更会签部门根据设计变更内容进行调整。

2. 请各相关部门依照部门工作职责对有关内容进行审核。

建设单位设计变更通知单见表 1-4-5。

表 1-4-5　建设单位设计变更通知单

<table>
<tr><td colspan="3">设计变更通知单</td><td>资料编号</td><td></td></tr>
<tr><td>工程名称</td><td colspan="2"></td><td>专业名称</td><td></td></tr>
<tr><td>设计单位名称</td><td colspan="2"></td><td>日 期</td><td></td></tr>
<tr><td>序号</td><td>图号</td><td colspan="3">变更内容</td></tr>
<tr><td></td><td></td><td colspan="3">一、变更原因
二、变更内容
（1）原做法：（是否实施）
（2）现做法：
三、工期影响（是否影响）
四、变更前工程现状附后（详见工程签证记录）
五、造价变化附后（或不涉及造价变化）</td></tr>
<tr><td rowspan="2">签字栏</td><td>建设单位</td><td>监理单位</td><td>EPC 设计单位</td><td>EPC 施工单位</td></tr>
<tr><td></td><td></td><td></td><td></td></tr>
<tr><td>制表日期</td><td colspan="4">年　月　日</td></tr>
</table>

注：考虑工程项目五方责任主体的有关规定及现阶段 EPC 模式存在联合体的实际情况，表格中单列 EPC 施工单位和 EPC 设计单位，也可根据实际情况统一为 EPC 总承包单位。

说明：1. 本表由变更提出单位填写。

2. 本表一式五份，建设单位、监理单位、EPC 设计单位、EPC 施工单位、造价单位各一份。

建设单位工程洽商通知单见表 1-4-6。

表 1-4-6　建设单位工程洽商通知单

<table>
<tr><td colspan="3">工程洽商通知单</td><td>资料编号</td><td></td></tr>
<tr><td>工程名称</td><td colspan="2"></td><td>专业名称</td><td></td></tr>
<tr><td>提出单位名称</td><td colspan="2"></td><td>日 期</td><td></td></tr>
<tr><td>序号</td><td>图号</td><td colspan="3">变更内容</td></tr>
<tr><td></td><td></td><td colspan="3">一、变更原因
二、变更内容
（1）原做法：（是否实施）
（2）现做法：
三、工期影响（是否影响）
四、变更前工程现状附后（详见工程签证记录）
五、造价变化附后（或不涉及造价变化）</td></tr>
<tr><td rowspan="2">签字栏</td><td>建设单位</td><td>监理单位</td><td>EPC 设计单位</td><td>EPC 施工单位</td></tr>
<tr><td></td><td></td><td></td><td></td></tr>
<tr><td>制表日期</td><td colspan="4">年　月　日</td></tr>
</table>

注：考虑工程项目五方责任主体的有关规定及现阶段 EPC 模式存在联合体的实际情况，表格中单列 EPC 施工单位和 EPC 设计单位，也可根据实际情况统一为 EPC 总承包单位。

说明：1. 本表由变更提出单位填写。

2. 本表一式五份，建设单位、监理单位、EPC 设计单位、EPC 施工单位、造价单位各一份。

建设单位工程签证记录（变更前/验收后）见表 1-4-7。

表 1-4-7 建设单位工程签证记录（变更前/验收后）

<table>
<tr><td>工程名称</td><td></td><td>编号</td><td></td></tr>
<tr><td>提出单位</td><td></td><td>专业名称</td><td></td></tr>
<tr><td>图号</td><td></td><td>日期</td><td></td></tr>
<tr><td>内容摘要</td><td colspan="3"></td></tr>
<tr><td colspan="4">情况描述（原因、内容、部位、做法、参数等，附图和总承包、监理、建设单位三方签字的现场签证照片）</td></tr>
<tr><td>EPC 总承包单位</td><td>意见：
经办人：
年 月 日</td><td colspan="2">意见：
项目经理：
年 月 日</td></tr>
<tr><td>监理单位</td><td>意见：
经办人：
年 月 日</td><td colspan="2">意见：
总监理工程师：
年 月 日</td></tr>
<tr><td>项目部或工程建设管理部</td><td>意见：
经办人：
年 月 日</td><td colspan="2">意见：
部门负责人：
年 月 日</td></tr>
<tr><td>工程质量管理部</td><td>意见：
经办人：
年 月 日</td><td colspan="2">意 见 ：
部门负责人：
年 月 日</td></tr>
</table>

注：1. 图纸修改的必须注明应修改图纸的图号。

2. 签证记录按不同专业分别办理。

说明：本表一式五份，建设单位一份，监理单位、EPC 设计单位、EPC 施工单位、造价单位各一份。

4.5　重点注意事项

（1）设计在工程建设中的作用至关重要，工程的质量标准、投资额等重要的指标，几乎都在设计阶段明确。而目前的 EPC 多采用设计和施工联合体的模式，应关注如何发挥建筑师负责制的优势促进设计施工的深度融合。

（2）设计有优化方案而且结果很可能节省投资，但是总承包牵头单位有优化后减项投资的顾虑，不易充分发挥建筑师负责制的优势促进设计施工的深度融合。建议在充分论证的基础上设立优化奖励机制，充分发挥设计单位的主观能动性。

（3）EPC 总承包模式下设计费支付方式的确立对设计单位的积极性也有很大的引导与约束作用，设计费节点不宜设置过少或过多。建议设置施工图设计，土护降、地基处理，±0.000 以下结构，结构封顶，建筑物竣工，工程竣工验收等节点。

（4）建设单位的设计管理要充分考虑 EPC 设计单位与前期设计各阶段设计成果的各项工作衔接。

第5章 采购管理

5.1 一般规定

（1）在建设项目中，设备和材料占总投资的比例约60%，而采购设备的质量、交货时效都直接影响到项目能否顺利进行，对项目的最后成功起到至关重要的作用。

（2）建设单位项目采购管理的目的是统一和规范项目的设备及材料采购及管理工作，实现对工程物资采购的统一管理及对采购过程进行控制和监督。

（3）建设单位对物资采购应进行分类管理，物资采购中遵循“公开公平、有效竞争”的原则。

5.2 工作内容

采购管理总体应遵循整体效益最优、专业协同、采管分离等原则进行。采购管理的主要内容有：

1. 采购计划

依据项目总体进度计划、分包与设备采购及供应周期等建立采购计划管理体系，从选型、品牌、采购范围、时间等方面制订计划，针对采购中遇到的特殊、垄断等类别的产品制订重点管控措施，做好责任分配，并监督承包人制订相应采购计划。

2. 采购管控

组织承包人制订重要、关键、特殊材料设备的辨识清单，制订催交计划，严格实施。做好物资验收工作，明确验收内容、验收方法。要重视常规物资、关键核心特殊类材料设备、专业分包材料设备的现场管理工作。

3. 接口管理

组织承包人做好采购与设计、施工的接口管理。及时提出设计请购文件，做好厂商技术方案评审、图纸确认、设计技术问题协商、设备材料出厂前检验等相关工作。

4. 构建集成管理信息平台

集成管理信息平台是实现设计、采购、施工之间以及技术、生产、商务等之间集成的重要技术手段。应该构建以 BIM 为基础的信息平台，实现各个业务在流程、数据、资源等方面的全过程协同和数字化管控。

5.3　工作要求

（1）建设单位功能需求书、建设标准应清楚明确。及时审核招标文件中设计的基础和界面是否与项目实际相符。

（2）要求承包人根据物资采购清单和项目总体计划，制订设备材料采购需求计划。

（3）制订采购管理制度、流程并组织贯彻实施。

（4）要求承包人制订产品监造计划，组织对所采购的设备、材料进行检验、监造。

（5）组织协调和监督管理监理单位对重要设备、材料驻厂监造工作。

5.4　工作流程

建设单位采购管理流程图如图 1-5-1 所示。

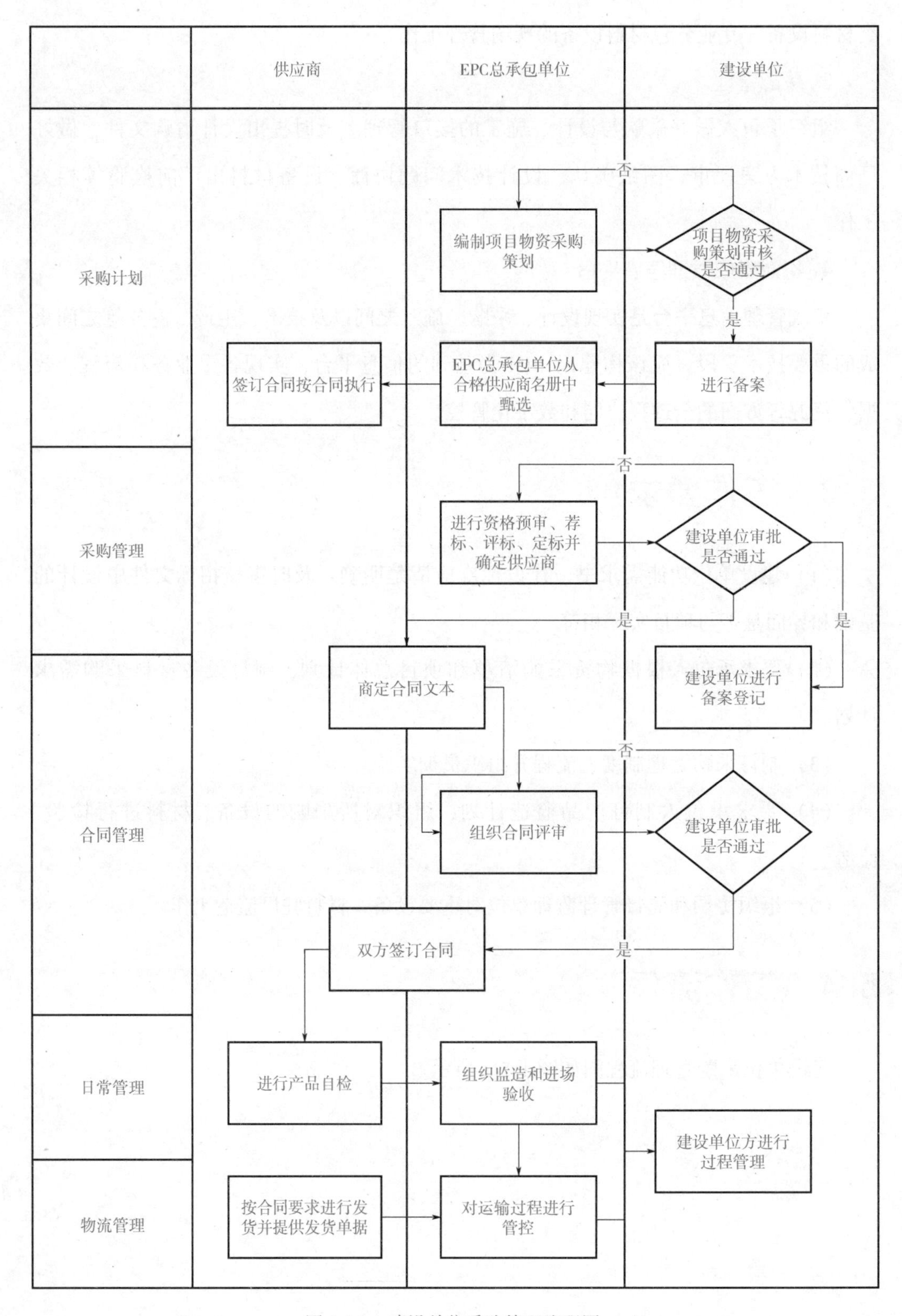

图 1-5-1　建设单位采购管理流程图

建设单位采购管理要点见表 1-5-1。

表 1-5-1　建设单位采购管理要点

序号	类别	管理要点
1	招标采购策划	招标采购前期应编制招标采购策划，从工作包划分、招标采购时间、招标采购方式、组织形式、招标采购策略等全面准备招标采购工作
2	采购主要工作	采购计划编制、招标申请、分供单位考察推荐、编制招标文件及招标控制价、评审招标文件、招标控制价审批、发放招标文件、开标和询标、评审及审批、通知中标并签订合同
3	招标采购前品牌范围	根据设计要求，推荐三个及以上同等档次的品牌，招标采购前确认品牌范围
4	招标采购计划节点	（1）发包人完成方案设计定版时间 （2）EPC 总承包人编制招标公告时间 （3）发包人完成招标公告审核时间 （4）发出招标公告时间 （5）投标报名时间 （6）资审文件的编制时间 （7）招标控制价、文件（含合同）编制时间 （8）招标文件发放时间 （9）开标时间 （10）合同审核审批及签订时间
5	暂估价	（1）确定发包人、总承包人工作责任后，组织估价招标文件起草 （2）督促暂估价工程优化设计、施工方案比选，有利于工程界面清晰，降低施工程造价 （3）督促承包人明确暂估价单位现场管理责任 （4）招标中明确暂估价限额管控，明确界面划分

建设项目重要设备物资采购管理要点见表 1-5-2。

表 1-5-2　建设项目重要设备物资采购管理要点

序号	类别	管理要点
1	采购纳入设计程序	组织专业人员编写采购文件、编写招标或询价文件的技术部分，组织实施商务及技术评标，编写相关协议，督促承包人确认供货厂商提供的产品合格书等资料。督促承包人沟通解决设备材料制造过程中设计及技术问题，组织或参加关键设备材料验收
2	战略采购建立原则	（1）限额划分原则：严格落实限额设计，避免实际采购与分项限额偏差较大，确保造价可控 （2）精品择优原则：匹配项目品质定位，确定材料设备档次品牌参数；择优选择主流成熟品牌；优先采用低碳、环保、节能材料 （3）属地便利原则：设计阶段充分考虑地域优势，避免小众与定制化兼顾企业集采要求；采购阶段考虑属地化，采购便利化 （4）专业协同原则：从采购时间、采购标准、采购流程、全专业匹配等方面形成多专业统筹采购高度融合 （5）采管分离原则：采购执行与监管职能分离

建设单位项目物资需求计划表见表 1-5-3。

表 1-5-3　建设单位项目物资需求计划表

<table>
<tr><td colspan="7">第　页
共　页</td></tr>
<tr><td colspan="2">申请单位</td><td colspan="4"></td><td>计划编号：</td></tr>
<tr><td>序号</td><td>物资名称</td><td>规格型号</td><td>数量</td><td>单位</td><td>进场时间</td><td>产品要求/项目推荐的供应商</td></tr>
<tr><td>1</td><td></td><td></td><td></td><td></td><td></td><td></td></tr>
<tr><td>2</td><td></td><td></td><td></td><td></td><td></td><td></td></tr>
<tr><td>3</td><td></td><td></td><td></td><td></td><td></td><td></td></tr>
<tr><td>4</td><td></td><td></td><td></td><td></td><td></td><td></td></tr>
<tr><td>5</td><td></td><td></td><td></td><td></td><td></td><td></td></tr>
<tr><td>6</td><td></td><td></td><td></td><td></td><td></td><td></td></tr>
<tr><td>7</td><td></td><td></td><td></td><td></td><td></td><td></td></tr>
<tr><td>8</td><td></td><td></td><td></td><td></td><td></td><td></td></tr>
<tr><td>9</td><td></td><td></td><td></td><td></td><td></td><td></td></tr>
<tr><td>10</td><td></td><td></td><td></td><td></td><td></td><td></td></tr>
<tr><td>注</td><td colspan="6">1. 常规产品可不填写“产品要求”一栏。
2. 当建设单位、设计单位、监理单位等对产品有下列要求时，则应在“产品要求”中注明：
① 验收标准或规范，也可提出图纸作详细说明。
② 对产品的质量、环境、安全等方面的要求。
③ 对产品加工过程的要求以及应提供的品质保证文件的要求。
④ 建设单位、设计单位指定的供应商/厂家/品牌等。</td></tr>
<tr><td colspan="7">编制日期：　　　　审核日期：　　　　批准日期：</td></tr>
</table>

建设单位供应商考察记录表见表 1-5-4。

表 1-5-4 建设单位供应商考察记录表

项目名称：

<table>
<tr><td colspan="2">供应商名称</td><td colspan="3"></td></tr>
<tr><td colspan="2">地址</td><td colspan="3"></td></tr>
<tr><td colspan="2">电话</td><td></td><td rowspan="2">参加考察人员</td><td rowspan="2"></td></tr>
<tr><td colspan="2">考察日期</td><td></td></tr>
<tr><td colspan="2">资质情况</td><td colspan="3"></td></tr>
<tr><td rowspan="4">考察内容</td><td>技术能力</td><td colspan="3"></td></tr>
<tr><td>人员执业能力及设备配置</td><td colspan="3"></td></tr>
<tr><td>信誉及业绩</td><td colspan="3"></td></tr>
<tr><td>其他</td><td colspan="3"></td></tr>
<tr><td colspan="2">考察结论</td><td colspan="3"></td></tr>
<tr><td colspan="2">供应商单位</td><td colspan="2">监理单位</td><td>建设单位</td></tr>
<tr><td colspan="2">主要负责人：
年 月 日</td><td colspan="2">主要负责人：
年 月 日</td><td>主要负责人：
年 月 日</td></tr>
</table>

注：1. 本表由建设单位填写保存，并进行备案登记。

2. 本记录应附供应商的营业执照、资质证书、拟派专业人员相关资料。

3. 对于劳务合作，主要考察拟派人员的资质和能力。

建设单位供应商评价记录表见表 1-5-5。

表 1-5-5　建设单位供应商评价记录表

部门：

<table>
<tr><td>项目名称</td><td colspan="3"></td></tr>
<tr><td>供应商名称</td><td></td><td>合作时间</td><td></td></tr>
<tr><td>合作范围</td><td></td><td>供应商相关负责人</td><td></td></tr>
<tr><td colspan="4">评价结论：</td></tr>
<tr><td>监理单位</td><td colspan="3">意见：
主要负责人：　　　　年　月　日</td></tr>
<tr><td>建设单位</td><td colspan="3">意见：
主要负责人：　　　　年　月　日</td></tr>
</table>

建设单位合格供应商名单汇总表见表 1-5-6。

表 1-5-6 建设单位合格供应商名单汇总表

产品类别：

序号	供应商名称	资质等级	时　间	项　目	结　论			地　址	电　话	联系人	备　注
					很满意	满意	不满意				

编制日期：　　　　　　　　　　　　　　审批日期：

注：本表每年年终需进行汇总、更新、备案。

5.5　重点注意事项

（1）由于设备、材料的质量是工程质量的基础，所以合格供应商的选择是保证产品质量关键一步，必须要结合项目的质量、进度目标慎重选择供应商。

（2）采购进度计划是项目总体进度计划的一部分，是引领采购工作、监督采购进程的重要文件，EPC 总承包单位应统筹安排，使采购进度计划和设计进度计划、施工进度计划有效衔接。

（3）合同签订后，制造过程中的检验、出厂检验以及过程的监造是保证材料设备品质的重要环节。通过制度约束，要求参建单位特别是监理单位落实驻厂监造，从源头对材料设备质量严格把关。

（4）设备、材料运抵施工现场的时间是工程进度的保障，在保证提供合格产品的前提下，设备、材料的运输也是对项目的组织和管理能力的考验，建设单位需要对供应商供货能力、运输能力、承包人组织管理能力等因素进行全面综合考虑，保证供应及时。

（5）建设单位应加强对 EPC 总承包单位及供货商的整体协调管理，强化内部流程管理，提高材料封样等工作效率，推进项目现场材料验收及使用相关工作顺利实施。

第6章 施工管理

6.1 一般规定

（1）施工管理是EPC项目的三大重要环节之一，也是EPC项目实施的难点，其涉及项目分包管理、计划控制、资源调配、过程成本控制、安全质量管理等诸多因素，项目施工管理的目的在于进一步在EPC项目运作过程中有效组织和发挥施工管理的力量，做好计划控制，把握重点环节，充分发挥施工管理的重要作用。

（2）施工管理是指按照合同约定完成特定的施工任务，在工程项目施工阶段对项目建设有关活动进行计划组织、协调、控制的过程。

（3）施工管理是一种施工全过程的综合性管理，施工管理包括施工准备、建筑安装及竣工验收等多个环节，在整个过程中包括进度、质量、成本、安全等方面的管理。

6.2 工作内容

施工管理主要工作内容包括施工准备、计划管理、专业管理、技术管理、接口管理、项目公共资源管理、竣工验收管理、维修管理等。[5] 施工管理的内容有：

（1）施工组织工作。建设单位施工管理体系要涵盖全过程、全方位、全专业，要求承包人对各专业进行统一管理。对于施工分包，要总体协调各方之间沟通流畅。

（2）公共资源管理：建立场地、运输等公共资源管理体系，遵循统一、协同、高效的原则，保证公共资源的运行效果。

（3）专业协调管理。要求承包人做好施工与设计、采购的接口管理，以及施工各专业内部的接口管理，合理安排工序，保证各项工序有序进行。

（4）建设单位按照相关规章制度全面对项目施工管理进行管控。

6.3 工作要求

(1) 因为施工管理人员是工程施工质量、进度和安全的保证，所以明确要求承包人派出整体素质好的施工管理班子，特别是项目负责人和项目技术负责人素质一定要高；并在招标文件中明确提出约束条件，保证中标人按照投标时的承诺，及时派出主要施工管理人员。

(2) 承包人进场后，要求其提交项目管理架构表、管理人员工作简历、专业技术职称、现场岗位、上岗证书复印件、职务、联系电话，由监理单位审核后，EPC 总承包单位资料报建设单位备案。

(3) 承包人进场后，要求其提交参加分包单位的营业执照及资质证书复印件，施工、设计负责人及其有关管理人员名单、现场岗位、联系电话，以及主要材料供应商的营业执照、资质证书复印件和联系电话，由监理单位审核后，相关资料报建设单位备案。

(4) 承包人进场后，向监理单位提交特殊工种人员名单、上岗证复印件和所有参加本工程施工的施工人员登记名单（内容包括：身份证号或暂住证号、家庭地址、工种、工牌号码），建设单位对此进行抽查。

(5) 承包人项目经理因故暂离工地，需经建设单位同意，无故离岗将受惩罚，对建设单位造成损失的施工单位进行赔偿并追溯其法律责任。

(6) 对于承包人的项目管理人员漠视建设单位指令，拒不执行指令的，建设单位将责令施工单位将其调离本项目现场。

(7) 如果承包人有任何工程不符合工程规范、图纸或指示，建设单位有权视实际情况，按照设立的罚则进行处罚。

(8) 除非特别通知，建设单位组织召开的各种会议承包人的项目管理人员需按时、按要求参加，未经许可不得迟到、早退或缺席。

(9) 要求承包人必须有专人负责提交完成施工进度、材料进退场、现场施工操作人员人数等情况，必须详细真实。

(10) 要求承包人项目经理必须参加建设单位组织的工地巡视。

(11) 建设单位需对项目大事记进行管理。大事记的内容包括：施工动员会及开工仪式、各单位工程、分部工程、分项工程开工/完工时间、重大事故和自然灾害、重大变更、重大会议、重要领导检查及评价、各种大检查及结论、奖励与荣誉称号、交工验收情况、与工程有关的其他重大事件等。大事记要记录下事件的名称、发生的起止时间（内容重要的要准确到时、分）、主要人员及主要工作。要求简明扼要、大事突出、要事不漏、小事不收。大事记以书面与电子文档形式进行存档。

（12）监督施工日志管理：施工日志是专业工程师各项活动、决定、存在问题及环境条件的全面记录，是专业工程师的重要基础工作，在很大程度上反映了其工作质量。施工日志要记录下各种历史性记录、工程计量记录、质量记录等。承包人专业工程师须坚持每天填写施工日志，建设单位要求监理单位定期检查。

（13）编制施工管理制度清单，对施工管理各方面进行跟踪检查。

（14）要求承包人对易发生质量通病、易出现安全问题、施工难度大、技术含量高的分项工程（工序）等应做出重点说明；对开发和使用的新技术、新工艺以及采用的新材料、新设备应通过必要的试验或论证并制订计划；对于工程中推广应用的新技术、新工艺、新材料和新设备，可以采用目前国家和地方推广的，也可以根据工程具体情况由企业创新；对于企业创新的技术和工艺，要制订理论和试验研究实施方案，并组织鉴定评价。

（15）要求承包人对季节性施工应提出具体要求，根据施工地点的实际气候特点，提出具有针对性的施工措施。在施工过程中，还应根据气象部门的预报资料，对具体措施进行细化。

6.4 工作制度

建设单位施工管理制度清单见表 1-6-1。

表 1-6-1　建设单位施工管理制度清单

项目名称				
序号	制度名称	编制人	完成日期	备注
1	参建各方组织机构及管理职责			
2	施工管理沟通协调程序			
3	EPC 分包管理规定			

（续）

项目名称				
序号	制度名称	编制人	完成日期	备注
4	施工用水、用电管理规定			
5	安全管理规定			
6	质量管理规定			
7	进度管理规定			
8	进度款申请管理规定			
9	现场设备/材料管理规定			
10	文件资料管理规定			
11	会议管理规定			
12	变更、洽商管理规定			
13	索赔管理规定			
14	竣工验收管理规定			
15	资料管理规定			
16	其他规定			

6.5　重点注意事项

（1）施工进度控制：EPC工程总承包模式对项目进度要求很高，因此在执行计划的施工过程中，需经常检查施工实际进行情况，并将其与计划进度相比较，若出现偏差，分析产生的原因和对工期的影响程度，找出必要的调整措施，修改原计划，不断地按此循环，直至工程竣工验收。

（2）施工质量控制：质量是衡量项目产品是否合格的标准，因此需要对项目的各道工序进行质量检查，然后对其质量进行确认，对发生的质量事故要记录在案，分析产生原因，吸取教训，防止类似事故再次发生。

（3）施工安全管理：EPC 模式对安全管理相当重视，安全管理作为项目管理的重要组成部分，需制定安全管理计划，监督检查施工单位，对危险性较大的分部分项工程专项施工方案的执行情况，对安全事故进行通报等措施。

（4）施工成本控制：为了防止超概算，需要制定各阶段资金计划，进行定期的或阶段性的投资预测和投资评估；完成投资估算与初步设计概算的对比及审核工作，并对增加投资内容进行分析；对工程变更文件进行审核；对工程变更费用进行审核；随着施工进度和投资的增长，对工程实际投资与概算费用进行对比分析。鼓励优化设计、优化施工方案等工程变更用以提高质量、保障安全、缩短工期、节约成本。

具体施工过程中的安全、质量、进度、BIM、信息、风险、绿建具体管理内容详见后续相关章节。

6.6 设计管理与施工管理的接口关系及协调方法

EPC 项目设计管理与施工管理之间存在密切的接口关系。设计管理和施工管理是 EPC 项目不同阶段的重要管理环节，它们之间的协调和衔接对于项目的顺利进行和成功交付至关重要。

1. 设计管理与施工管理的接口关系

（1）设计输出与施工输入：设计管理负责将项目需求转化为设计方案，并输出设计文件和技术规范，而施工管理则负责根据设计文件和技术规范进行施工准备和施工实施。

（2）设计变更与施工调整：在项目实施过程中，可能会出现设计变更的情况，设计管理需要及时与施工管理沟通，协调设计变更对施工的影响，并进行相应的施工调整。

（3）设计优化与施工效率：设计管理和施工管理需要密切合作，共同寻求项目的优化方案，以提高施工效率和降低成本。

（4）设计验收与施工验收：设计管理负责对设计文件进行验收，而施工管理负责对施工过程和成果进行验收，两者需要相互配合，确保项目的质量和合规性。

2. 设计管理与施工管理的协调与衔接

（1）沟通与协作：设计管理和施工管理需要保持良好的沟通与协作，及时交流项目进展、问题和需求，确保设计和施工之间的信息流畅。

（2）规范与标准：设计管理和施工管理需要遵循相应的规范和标准，确保设计文件与施工实施的一致性和合规性。

（3）阶段交接：设计管理和施工管理在项目不同阶段之间需要进行交接，确保设计文件的准确性和完整性得到施工管理的理解和应用。

（4）反馈与改进：施工管理需要及时向设计管理反馈施工过程中的问题和需求，设计管理则需要根据施工管理的反馈进行设计的改进和优化。

总之，设计管理与施工管理之间的接口关系是 EPC 项目成功实施的关键。通过良好的沟通、协作和衔接，设计管理和施工管理可以相互支持和促进，确保项目按照设计要求进行施工，最终实现项目的成功交付。

第7章　招标管理

7.1　一般规定

（1）发包人（建设单位）应依据项目类型、特点、资金来源性质、建设条件等实际情况以及上级主管单位相关制度体系及具体要求，以招标投标、法律法规等其他规章制度为原则，建立招标管理制度，确定招标管理流程和实施方式，规定管理与控制的程序和方法。

（2）招标投标工作应符合法律法规及有关合同、设计文件所规定的技术、质量和服务标准。符合进度、安全、环境和成本管理要求，且发包人（建设单位）应确保实施过程符合招标投标、法律法规及地方管理规定等要求。

7.2　工作内容

1. 招标策划

建设单位通过招标代理机构对招标进行整体策划，进行项目总进度计划的制订、招标内容、合同划分以及招标进度计划的制订。

2. 组建评审代表库

组建评审代表库，按照标准统一、分类管理、管用分离的原则，实行动态管理。

（1）负责评审代表人选入库资格初步审核、评审代表库管理、评审代表业务培训等工作；负责将通过入库资格初步审核的评审代表人选名单报建设单位主任办公会审议，审议通过的评审代表正式纳入评审代表库。

（2）负责收集整理评审代表人选名单及基础资料，组织评审代表人选如实填写《评审代表资格条件登记表》进行评审代表人选入库资格审核；负责根据人事变动情况，及时拟定出库或新增评审代表名单及其相关资料。

（3）入库的评审代表应符合下列条件：

1）采用招标方式发包的项目，评审代表应从事相关领域工作满八年并具有高级及以上专业技术职称或同等专业水平。

2）采用非招标方式发包的项目，评审代表应从事相关领域工作满八年并具有中级及以上专业技术职称或同等专业水平。

3）熟悉有关招标投标、政府采购的法律法规及相关政策。

4）具有良好的职业道德，廉洁自律，遵纪守法，无行贿、受贿、欺诈等不良信用记录。

5）不满 70 周岁，身体健康，能够承担评审工作。

6）能够认真、公正、诚实、廉洁地履行职责。

（4）评审代表库建立后，对库内评审代表集中进行廉政风险、廉政纪律谈话。评审代表应同时签订《廉政评审承诺书》。新增评审代表时，应及时开展廉政风险、廉政纪律谈话及承诺书签订工作。

评审代表库建立后，应当定期开展评审业务培训，对库内评审代表进行统一培训，并及时对新增评审代表进行培训。

3. 评审人员的确定

（1）限额以上项目公开招标的，评审委员会依法组建。需要委派建设单位代表时，根据招标项目的专业、特征、性质及规模在专家库内随机抽取。

（2）限额以内招标项目招标的，根据招标项目的专业、特征、性质及规模在专家库内随机抽取。

4. 招标内容界面的划分

招标内容界面的划分包括招标内容、招标范围、标段（标包）的划分。

包括但不限于：依法必须招标的实施内容与不属于依法必须招标的实施内容的识别与划分；不同建设单位招标内容范围的划分；EPC 工程总承包涵盖实施范围与工程总承包之外的其他实施内容的划分；各标段的划分；可以采用招标或采购以外方式发包的项目内容的识别与划分；可以合并招标采购或合并进行发包的项目内容的识别与划分；设备、材料的采购内容、采购批次的划分。

5. 确定招标采购方式或发包方式

建设单位通过招标代理机构及时确定招标采购方式或发包方式。

（1）招标方式包括但不限于：

1）公开招标。

2）邀请招标。

3）竞争性谈判。

4）单一来源采购。

5）询价。

6）竞争性磋商。

7）其他招标方式。

（2）采购招标方式内容的划分包括但不限于：

1）确定需要以招标方式进行采购或发包的内容。

2）确定可以使用招标以外的方式采购或发包的内容。

3）采用招标以外的方式采购或发包的，招标采购策划时应当明确允许采用的采购方式或发包方式的适用条件。

4）确定项目实施过程中总体合同划分及合同的大致数量。

5）确认招标采购方式后需要变更的，以及改变招标采购方式后可能影响总体招标进度或项目实施进度的，建设单位应当要求招标代理机构出具书面报告。

6. 招标采购进度计划的策划

建设单位通过招标代理机构及时策划总体实施计划，并在项目总体实施计划完成时同步完成招标采购工作计划的策划。招标采购工作计划应当包括明确、清晰、完整的招标采购进度目标或进度计划。

7. 各个招标采购内容的采购预算控制策划

建设单位要求招标代理机构在项目总投资额基础上，按照招标采购内容及合同划分情况协助完成每个独立的招标采购内容具体的招标采购限额策划，并以此作为具体招标采购内容的预算上限。

8. 不同建设模式（DBB、EPC）招标采购内容的合同条件策划

根据各标段建设模式的不同，及时确认招标采购内容及合同划分，建设单位通过招标代理机构确定每个独立招标采购内容适用的合同文本，并参与合同条件风险识别及应对条款编制的必要工作。招标采购具体项目中，招标代理机构应当将已经经过合同条件风险识别程序并完善的合同文本，作为招标采购文件的组成部分对参与竞争的投标人或供应商进行充分交底。

9. 招标采购工作目标的制定

根据招标采购策划制定招标采购工作目标。包括但不限于：招标程序合法性目标、过程文件及归档成果文件合规性目标、工作行为合规性目标、工作进度目标、招标采购及发包预算限额目标、绩效考核目标。

10. 招标采购工作的实施

根据招标采购的计划，按节点推进工程各项招标采购工作。通过第三方咨询机构对招标采购工作进行专项评估。

7.3 工作要求

7.3.1 招标采购策划工作要求

（1）招标采购策划的工作包括划分招标内容界面及合同、编制招标采购进度计划、确定招标采购控制目标、招标采购方式或发包方式、各个分项招标采购内容的合同条件、拟采用的合同范本、招标采购工作绩效评价指标等。

（2）招标采购计划的制订。发包人（建设单位）按工作要求制订招标工作计划。招标工作计划应包括下列内容：

1）招标需求及招标采购具体范围、名称、内容及招标上限金额（目标成本）。

2）投标人或供应商资格条件。

3）招标采购控制目标及管理控制措施。

4）招标采购工作进度安排。

5）拟采用的评标标准或评审方法。

6）基本合同条件及合同文本（合同及补充协议）。

招标采购工作计划发生变更的，应当经过发包人（建设单位）规定的变更工作程序。

7.3.2 招标采购实施工作要求

通过招标代理机构对招标工作进行监管。包括但不限于：对招标工作总体进度的管控；对招标或发包上限金额的管控；对具体招标过程文件及归档文件的合规性的管控；招标团队行为合规性的管控。

同时，应满足：

（1）遵守工程建设施工招标应当进入有形市场的规定。

（2）EPC 总承包单位、勘察单位、设计单位、工程监理单位和相关咨询单位应当在其具有的资质或咨询等级许可的范围内从事建筑活动，并以此作为相关招标采购内容的投标人资格条件之一。

（3）建筑业各类关键岗位人员应当具备有效执业（职业）资格、上岗资格，并以此作为相关招标采购内容的投标人资格条件之一。

（4）遵守开展具体项目内容的招标采购工作前有关招标采购内容需满足基本的招标采购条件的规定。

（5）招标采购内容需要经过核准、批准的，应当完备必要的核准、批准手续。

（6）遵守有关信息公开、招标采购公告具体发布媒体、发布时限的规定。

（7）遵守有关投标人或供应商参与招标采购竞争时应当提供行贿犯罪信息查询结果、信用信息查询结果的规定。

（8）遵守项目所在地有关招标采购内容使用地方指定招标文件范本的规定。

（9）遵守有关招标采购过程中应当执行的廉政、廉洁自律的规定。

（10）属于依法必须招标的实施内容，其评标委员会的人数及组成应当符合现行法律法规规定。

7.3.3 成果文件编制要求

1. 与招标采购工作相关文件

招标采购过程文件及归档成果文件包括但不限于：招标项目前期资料、具体招标采购内容的前期市场调研资料、招标采购备案资料、招标采购需求或招标控制价文件、招标采购公告或投标邀请书、招标采购文件、澄清及修改文件、投标人书面异议、质疑或投诉文件、异议或质疑答复、评标委员会或其他评审小组组建记录、开标评标（或评审）记录、评标（评审）报告、招标情况报告（如有）、中标公示公告、中标通知书、已签订的书面合同、项目实施效果跟踪记录、投标人或供应商的投标文件、其他与项目招标采购或发包有关的书面资料。

2. 与招标采购工作相关文件管理的主要要求

招标采购过程文件及归档成果文件应当真实、有效、完整，具有可追溯性。

招标采购归档成果文件的划分及保存，应当与确定的或变更后的策划中招标采购界面划分一致。

3. 招标采购工作相关文件的动态管理

建设单位通过招标代理机构对招标采购过程文件与归档成果文件进行动态管理，及时整理归档招标采购内容的成果文件。包括：招标台账的建立与管理；内部及外部文件控制、公告发布、招标及非招标等各类采购方式下的工作程序、中标单位基本信息；资料归档、沟通、招标采购工作绩效评价、廉洁自律等。应当对招标工作基础数据进行收集、分析，并发出适当管理指令。应当收集的基础数据包括招标工作进度、招标内容累计签约合同数量及累计合同金额、累计签约金额、承包人或供应商基本资料及进场时间情况以及其他必要数据等。

7.4　工作流程

7.4.1　项目招标介入阶段

EPC 项目招标通常是在初步设计完成后启动。初步设计是指在项目可行性研究和前期设计的基础上，对项目进行更加详细的设计，包括工程图纸、技术规范、施工方案等。初步设计完成后，可以更准确地确定项目的需求和技术要求，为招标提供更具体的依据。

在初步设计完成后，招标单位可以根据项目的需求和目标，准备招标文件，包括招标公告、招标文件、技术规范、合同草案等。然后，通过公开招标的方式，邀请符合条件的承包商参与投标。招标程序包括投标文件递交、评标、中标公示等环节，最终确定合适的 EPC 总承包单位。

需要注意的是，有些项目可能会在方案设计完成后启动招标，这取决于项目的特殊性和需求。方案设计是项目初期的一个重要阶段，它提供了项目的整体框架和基本方向。如果项目的需求和技术要求在方案设计阶段已经明确，那么招标可以在方案设计完成后启动。

7.4.2　项目招标工作流程

建设单位招标管理总体流程图如图 1-7-1 所示。

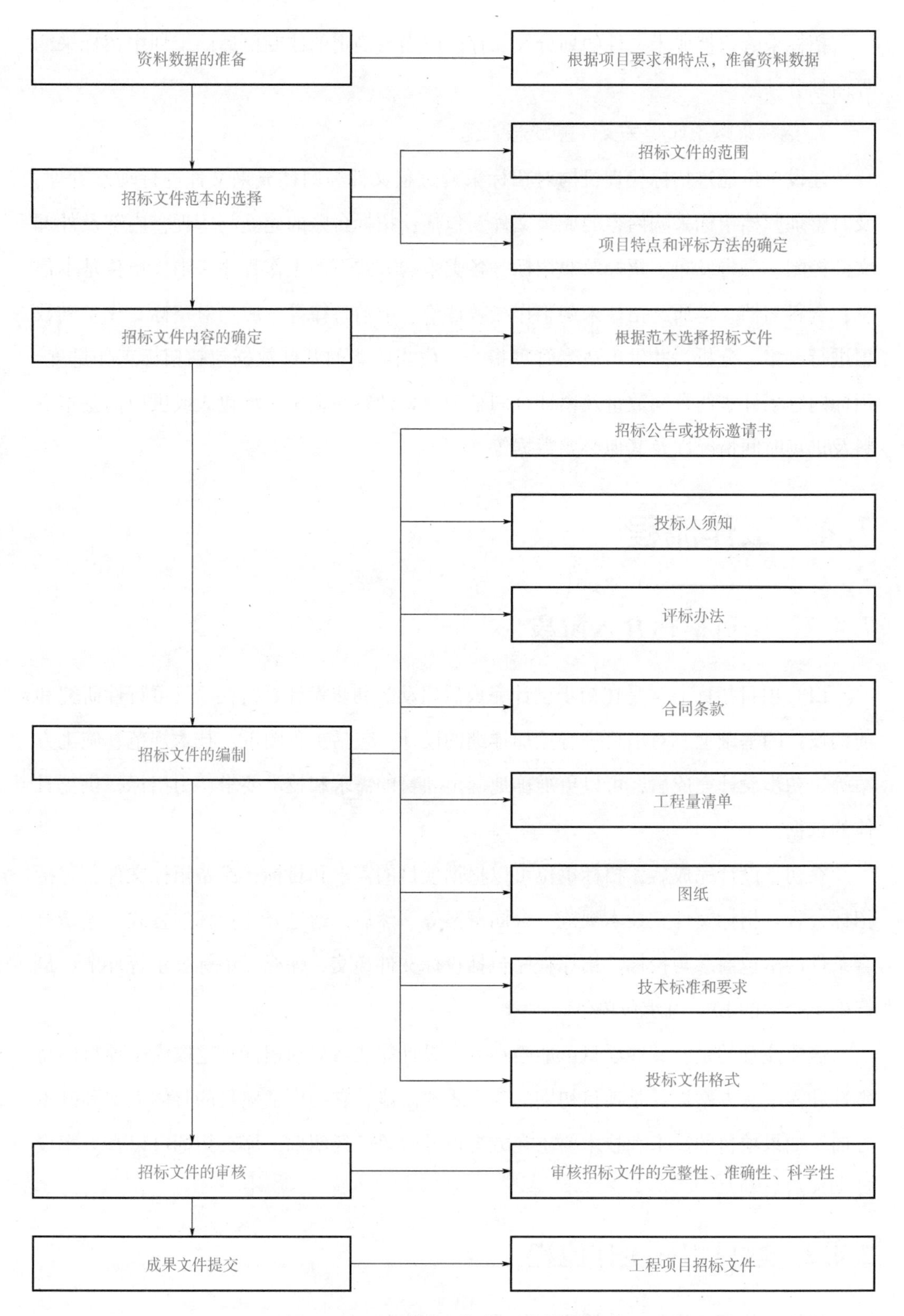

图 1-7-1　建设单位招标管理总体流程图

建设单位公开招标流程图如图 1-7-2 所示。

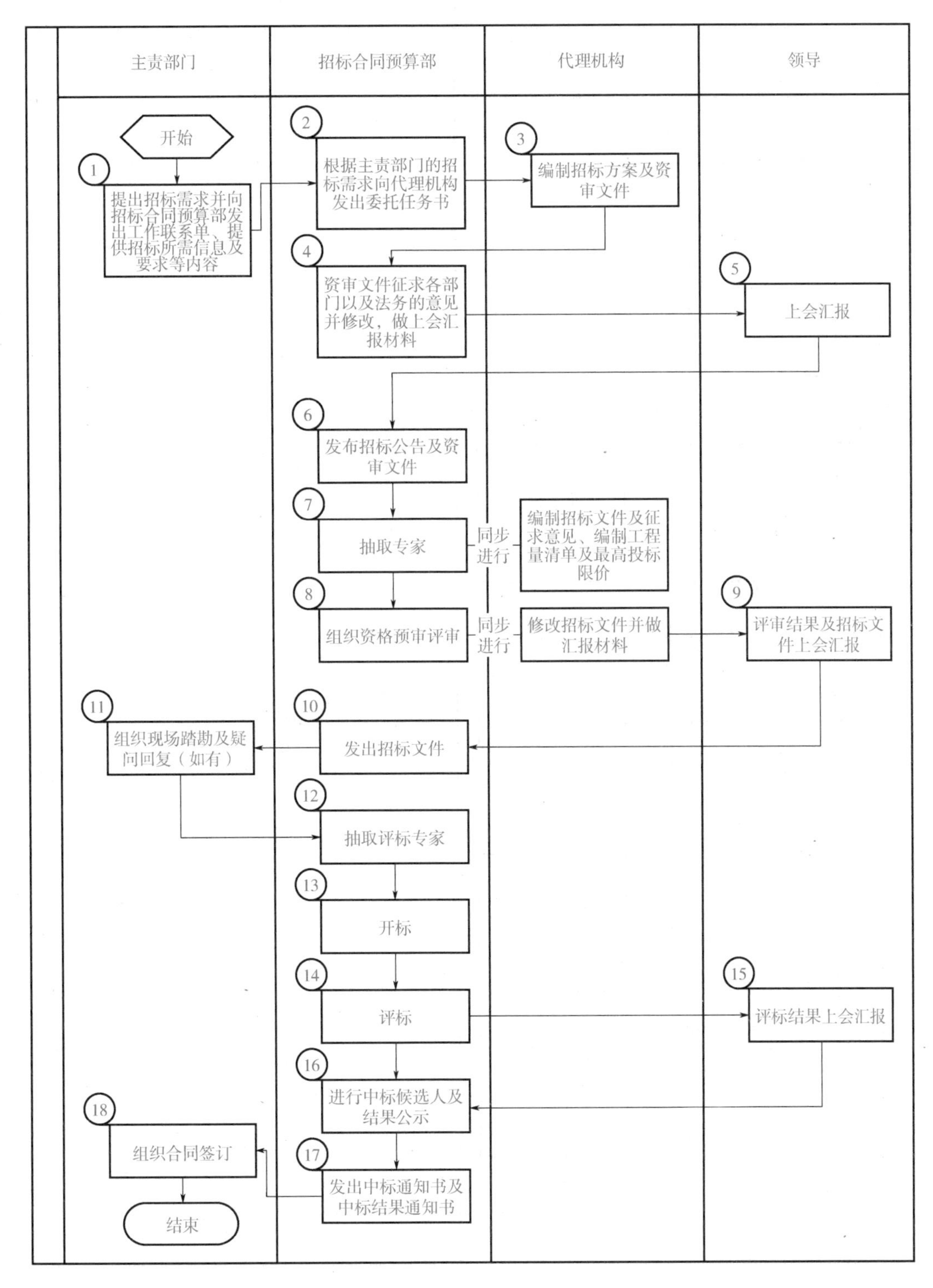

图 1-7-2　建设单位公开招标流程图

建设单位直接发包合同签订流程图如图 1-7-3 所示。

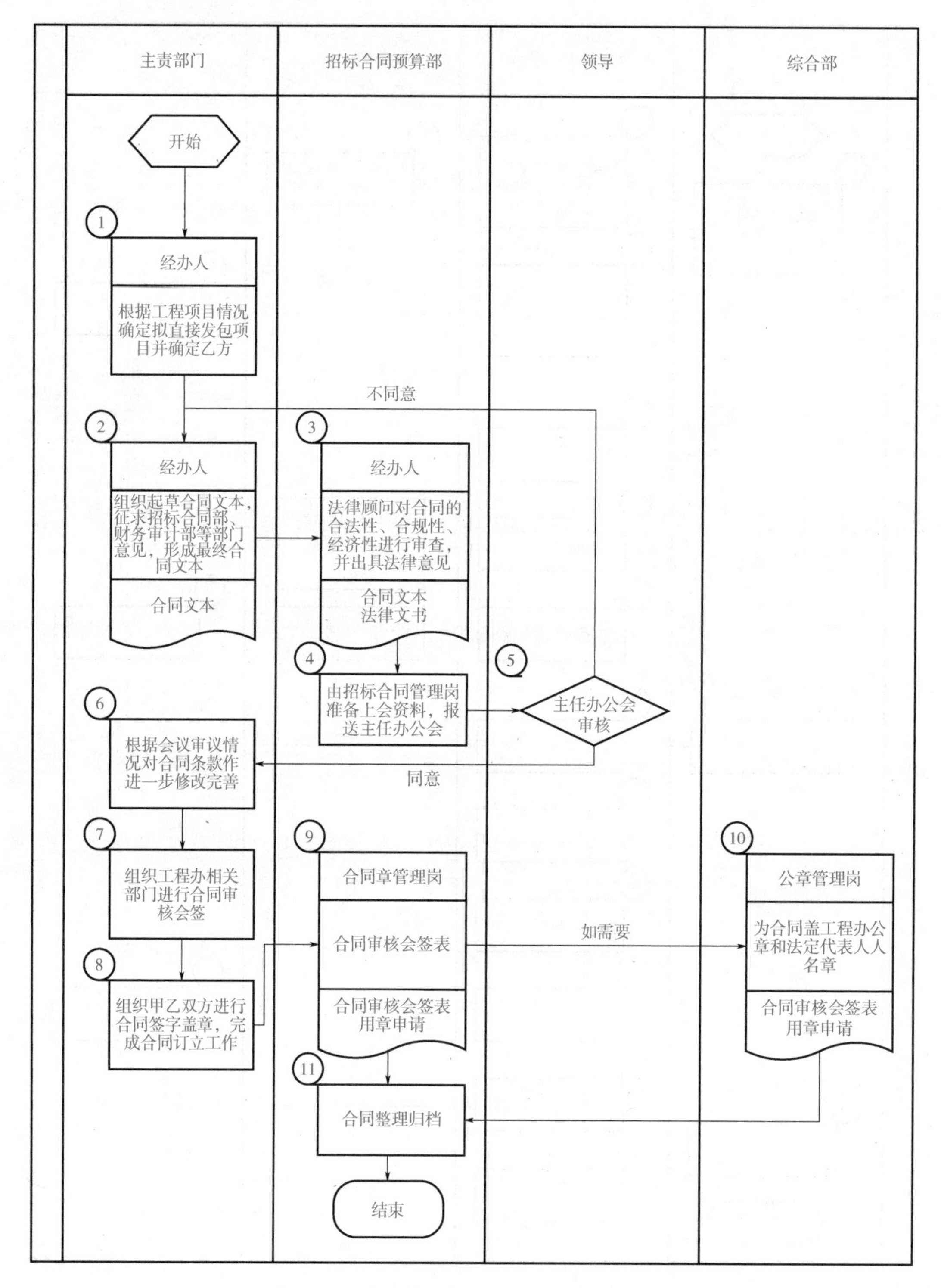

图 1-7-3　建设单位直接发包合同签订流程图

建设单位邀请招标流程图如图 1-7-4 所示。

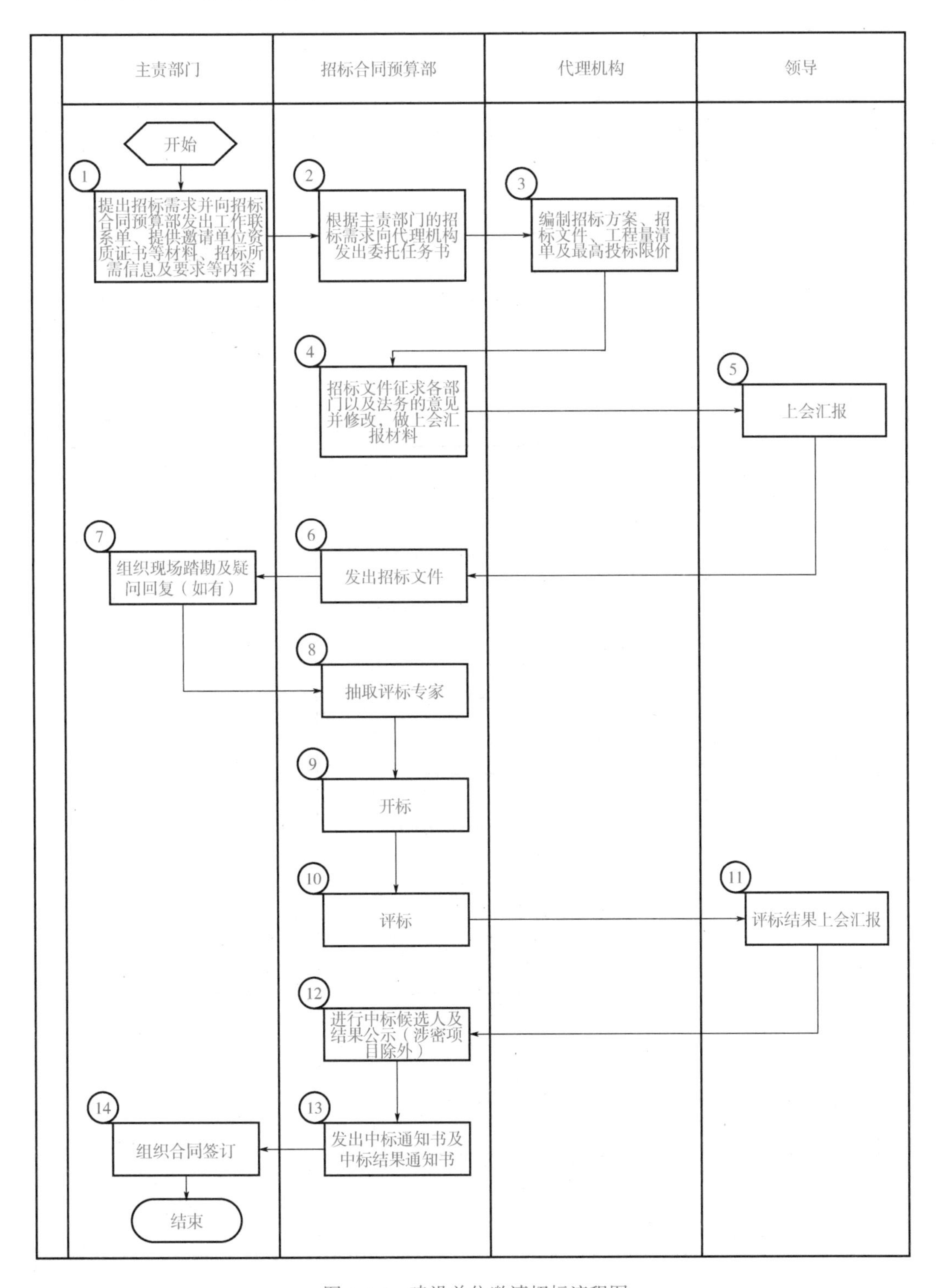

图 1-7-4　建设单位邀请招标流程图

建设单位比选工作流程图如图 1-7-5 所示。

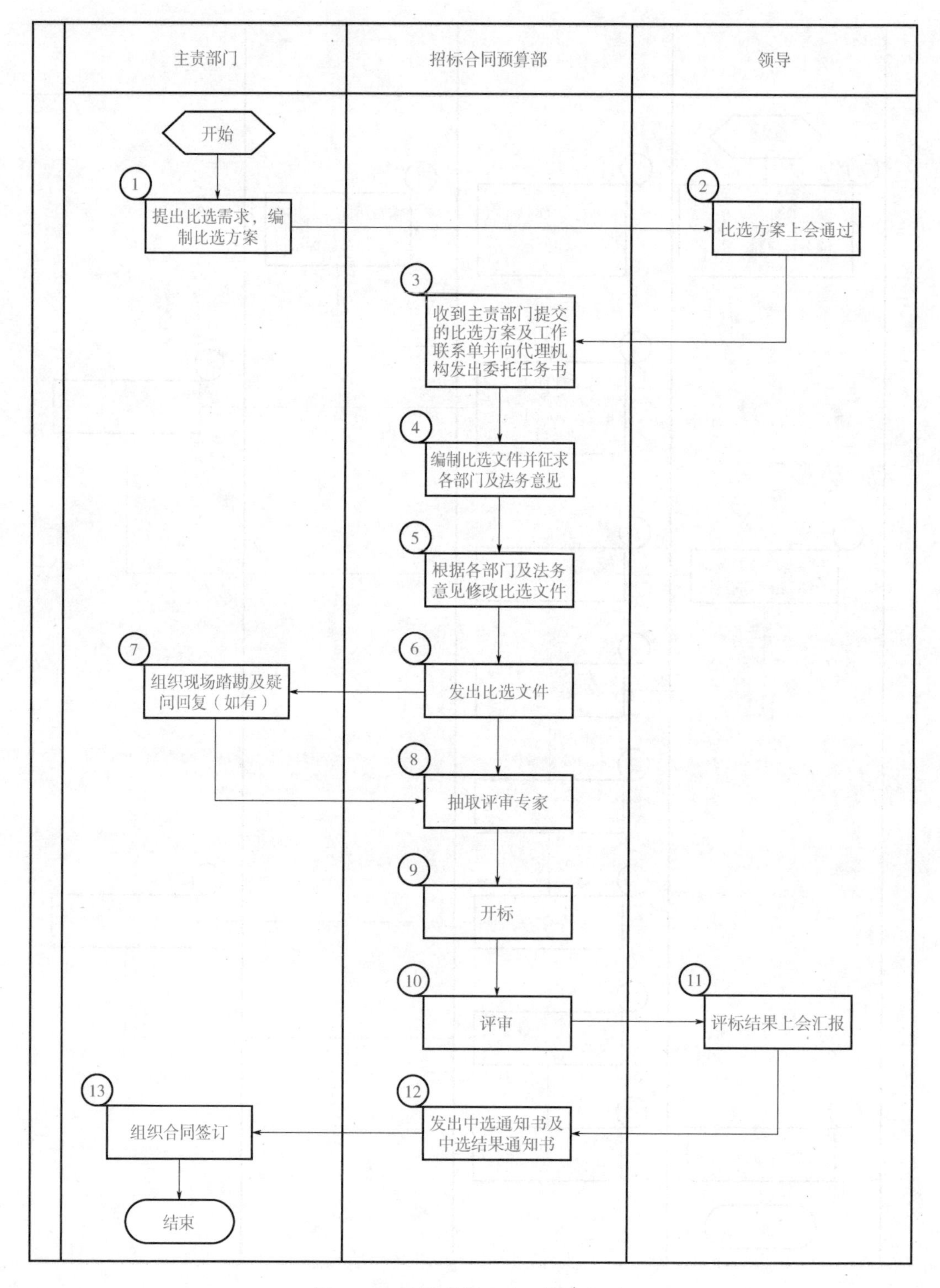

图 1-7-5　建设单位比选工作流程图

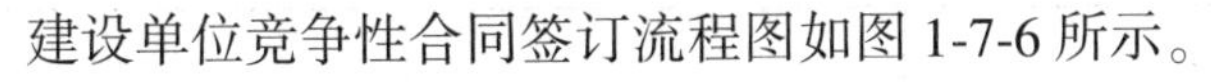

建设单位竞争性合同签订流程图如图 1-7-6 所示。

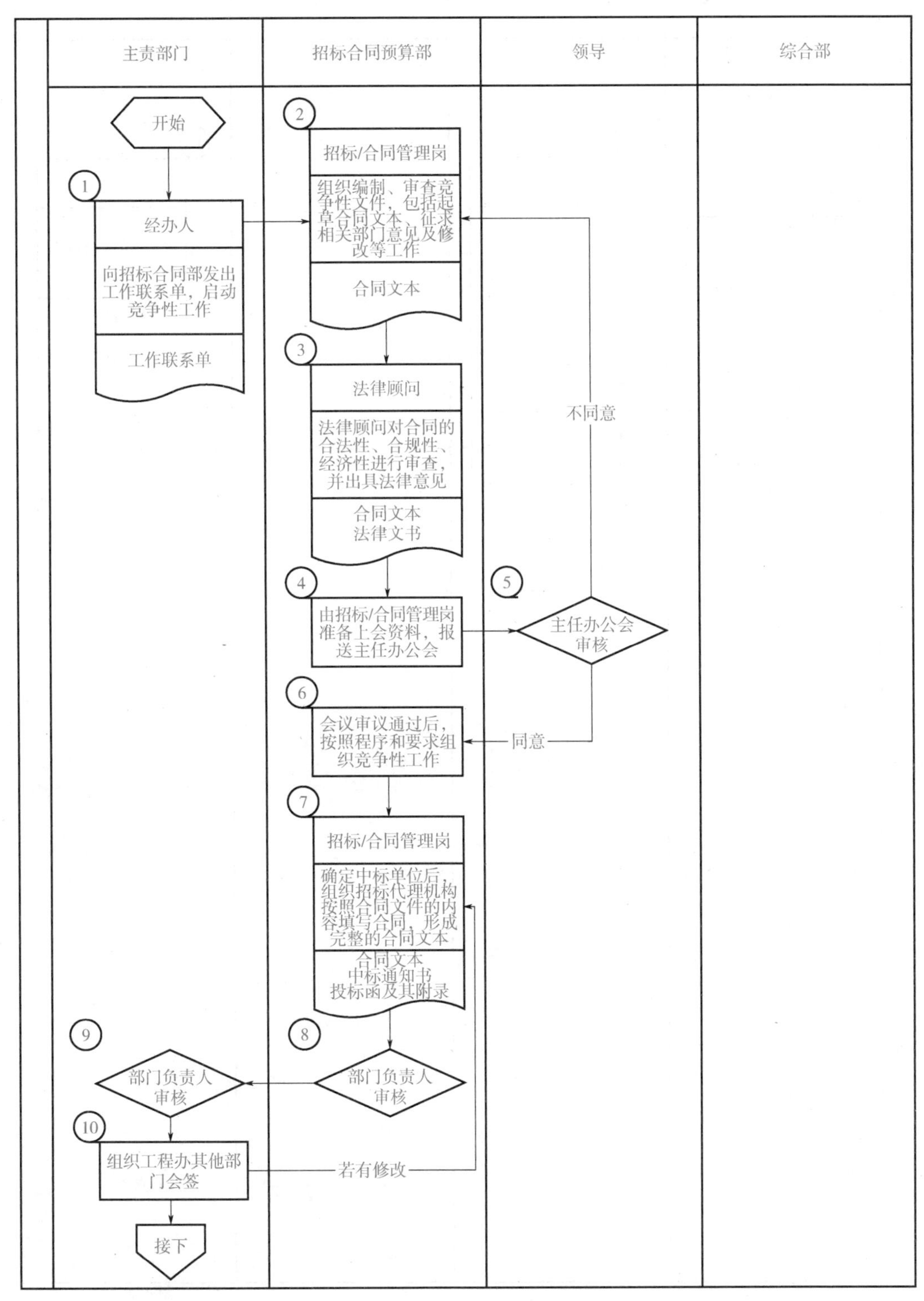

图 1-7-6　建设单位竞争性合同签订流程图

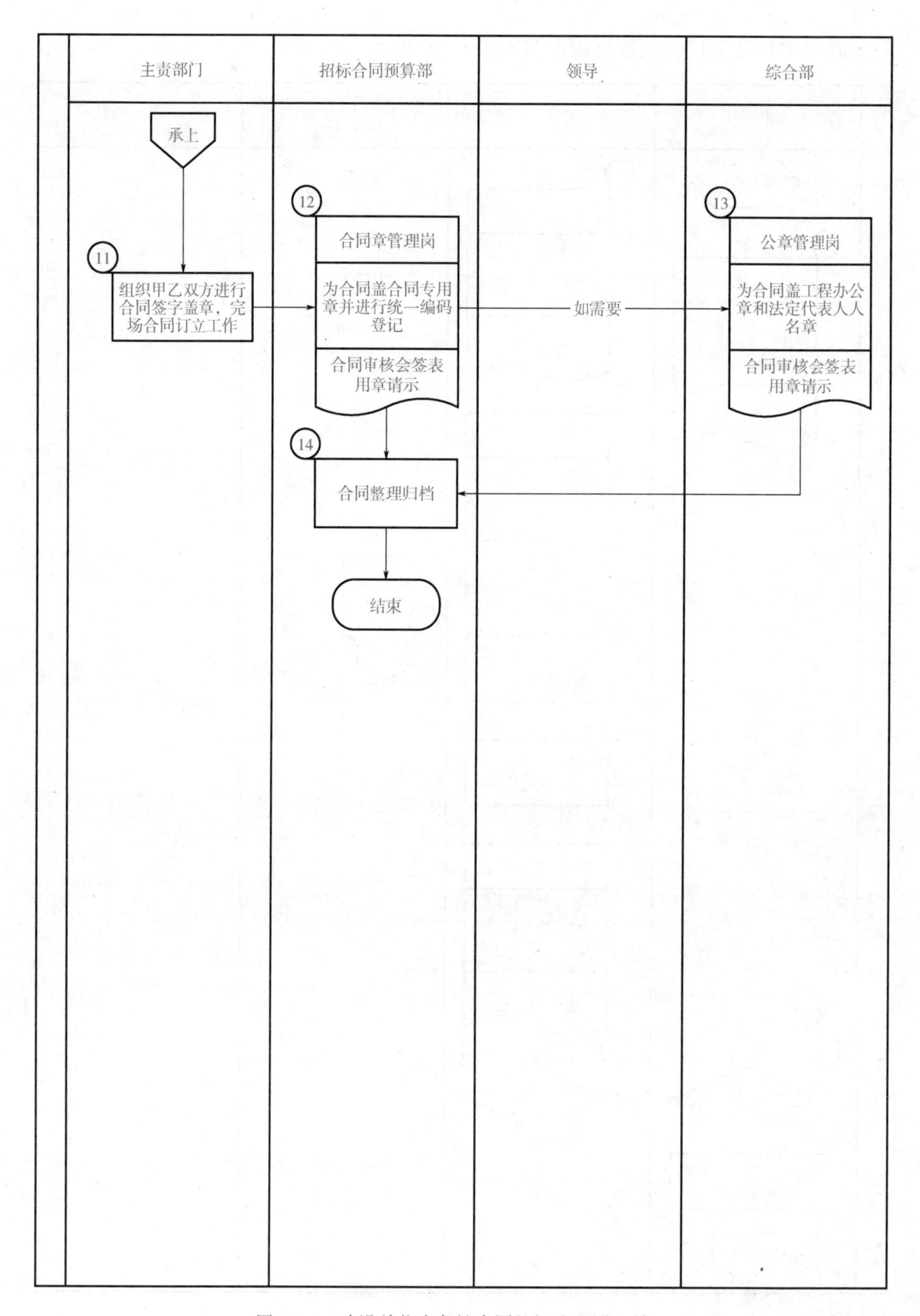

图 1-7-6　建设单位竞争性合同签订流程图（续）

7.5　重点注意事项

（1）全要素招标具有减少招标工作量、减少建设单位合同管理工作等优点，但是在选用全要素招标前，一定先明确哪些要素可以包括、哪些要素不应包括。比如在某房建项目在外电源招标时，电力施工和房建施工的监管部门是不同的，其相应的要求设计、施工、监理的资质也不同于房建资质要求，如将外电源工程作为全要素进入招标内容就不太适合。

（2）因政府投资项目严格执行不超概算，建议如果有专项工程需分开立项，申报文件就需将工程项目内容描述更细化、适当增加估算额，以免造成批复的概算额少而实际工作的内容多而增加工程实施的难度。

（3）对于开始阶段包含在 EPC 总承包合同中后期又单独立项招标的暂估项，以供电工程为例，需要重点注意：

1）发包人严格依据发改部门的立项批复文件执行。

2）发包人如仍选择原招标代理单位承担招标代理工作，建议先完善与招标代理补充协议的签订工作。

3）招标代理机构尽快编制合理的招标计划，该计划可根据工程的总进度计划进行倒排，保证不延误工程的投入使用。

4）招标采购前与供电工程监管部门积极沟通对接，了解设计、施工、监理的各项要求，并在相应的招标文件中明确提出。

5）尽快编制关于初步设计及施工图设计的设计任务书。

6）招标文件中应说明，勘察单位若采纳房建勘察单位的勘察成果文件，则协商核减该部分勘察费；若房建设计取费含此次供电工程的工程内容，需协商扣除该部分设计费；供电工程的施工单位需 EPC 总承包单位积极配合的，需向总承包单位缴纳工程管理费。

7）供电工程单独立项后的内容既包含原合同中的暂估项内容，也包含了原合同中一部分分部分项清单中的相关工作内容。所以，单独立项后的供电工程的计价，应在扣除原合同中暂估项的基础上，重点关注原合同中分部分项工程工程量清单中的相关工作内容的扣除，避免相关费用重复计取。

8）明确承包人要帮助建设单位协调与相关政府部门的工作关系，协助建设单位办理外电源工程的竣工验收相关手续。

第8章 合同管理

8.1 一般规定

（1）发包人（建设单位）应采取适当的管理方式，建立健全项目合同管理体系以实施全面合同管理。

（2）发包人（建设单位）应明确合同工期、投资、质量、安全、信息档案等事项的管理目标、流程与时限等。

（3）发包人在进行合同签订时可使用《建设项目工程总承包合同示范文本（试行）》，可依据发包项目实际情况对《建设项目工程总承包合同示范文本（试行）》“实施阶段的核心条款”进行取舍；并可依据“核心条款具体实施情况”，依法对“核心条款”的相关约定进行细化、补充、修改、完善和另行约定。[6]

8.2 工作内容

（1）EPC项目合同管理从合同管理对象的角度主要分为主合同管理和分包合同管理。EPC总承包项目合同管理的重中之重是主合同管理，主合同管理是从投标一直贯穿到项目最终交验全过程。[7] 合同管理的主要工作内容有：招标投标阶段有市场调研、招标文件的审核、合同商务谈判及签订等内容；履约阶段有合同交底、合同控制、变更管理、索赔管理等内容；收尾阶段有合同文件归档、合同执行情况评价等内容。根据合同特点，建设单位对于主合同和分包合同的管理各有侧重。

（2）从合同签订的阶段来看，EPC项目合同管理包括合同签订前的管理与合同签订后的管理。

1）合同签订前的管理主要包括从承包单位资格预审、编制投标文件、投标、评标、合同谈判到确定承包单位的整个过程中涉及合同条件和内容准备的相关管理活动。可能涉及投标人清单的编制和批准、合同条款、投标人须知的编制、开标、评标、合同授予、移交文件等内容和程序。合同签订前的合同管理工作内容包括：

①招标采购策划、招标文件审核。

②参与评标标准的制定、招标答疑、合同条款的拟定与审核。

③进行各类合同的谈判和签订。

④完善合同补充条款以及合同签订。

2）合同签订后管理主要是对合同签订以后的执行情况进行管理，以确保合同当事人的工作是按合同约定的范围、计划、支付条款等程序完成的，同时也包括双方对合同交底、履行及合同跟踪与诊断、合同变更与索赔等的管理，直至合同终止。合同签订后的合同管理工作内容包括：

①合同交底、合同履约过程动态管理。[8]

②控制和处理合同变更，尽量减少对工程项目质量、进度和投资的影响。

③分析和处理索赔，及时解决合同争议。

④跟踪和检查各类合同履行，发现问题及时解决，提高合同履约率，实现合同规定的各项目标。

⑤建立合同档案，加强合同信息管理，做好各类合同信息的记录、收集、整理和分析工作。

⑥对合同重大问题应认真分析、研究，并根据需要开展法律和技术咨询。

⑦进行谈判和签署补充协议及合同终止管理。

8.3　工作要求

8.3.1　合同管理要求

建设单位应积极做好内外部协调工作，积极引导充分发挥 EPC 总承包主观能动性，与参建各方积极沟通交流，监督各方在合同管理方面做到以下相关要求：

1. 合同策划

建设单位重点梳理工作包括：确定项目的合同版本；组织合同的关键条款；制定并实施合同的评价体系。这一阶段为后续项目的采购工作做好充分的准备、在一定程度上可降低合同管理风险。

2. 合同评审

发包人（建设单位）应在合同订立前进行合同评审，完成对合同条件的审查、认定和评估工作。以招标方式订立合同时，应对招标文件和投标文件进行审查、认定和评估。

3. 合同订立

发包人（建设单位）依据合同评审和谈判结果，按程序和规定订立合同；合同订立后应在规定期限内办理备案手续。

4. 合同实施计划

发包人（建设单位）制定的合同实施计划应包括合同实施总体安排，分包策划以及合同实施保证体系的建立等内容。合同实施保证体系应与其他管理体系协调一致，须建立合同文件沟通方式、编码系统和文档系统。

5. 合同实施控制

在合同执行前应对各个参与项目的管理人员进行培训及合同交底，对合同的主要内容、工作程序、合同实施的主要风险、合同签订过程中的特殊问题做出解释和说明。将合同管理任务、目标和责任分解和细化落实到有关部门和人员身上。

实施阶段次要要约与承诺的实现，是合同主要要约与承诺得以实现的保证。从承包人出发的要约与发包人的承诺是合同签订和实施过程中的重要环节。[9]

建设单位应当按照规定的职责负责检查各参建单位履行合同情况，根据工程项目进度情况和工作安排，不定期牵头组织对各参建单位履约情况进行专项或综合检查。及时跟踪和检查各类合同的履约情况，发现问题及时解决，提出意见和建议，并采取相应措施，最终实现合同规定的各项目标。控制和处理合同变更，尽量减少对工程项目质量计划工期和投资的影响。分析和处理索赔，及时解决合同争议，减少对工程项目建设的影响。

分析、统计合同工作范围，包括合同双方从合同生效到终止的责任划分及其对应工作内容。将范围内的工作汇总成清单明确界限划分，便于过程中管理。[10]

建立信息管理系统，合同实行分类和台账管理。招标合同预算部统一负责合同分类和台账工作，建立合同台账，实行动态管理。项目部负责建立项目部的合同管理台账及台账管理工作。加强合同信息管理，做好各类合同信息的记录、收集、整理和分析工作。确保合同执行过程信息的完整和准确。在合同及与合同相关资料的保存和档案管理过程中应遵循及时归档、完整保存、便于查找的原则。根据合同保密性质不同，按相关要求，分别存档。

建立合同各方的协调和沟通制度，保证项目信息的正常流通、处理和反馈。积极应对工程项目实施过程中所遇到的问题。

对合同重大问题应认真分析、研究和解决，根据项目进展实际情况，及时组织相关合同条款的调整，借助第三方咨询及法务团队合力，与 EPC 总承包单位签订补充协议。

6. 合同管理总结

发包人（建设单位）应在合同实施结束后，将合同签订和执行过程中的利弊得失、经验教训总结出来，提出分析报告，作为以后工程项目合同管理的借鉴。合同总结报告应包括下列内容：

（1）合同签订情况评价。发包人（建设单位）对工程项目是否进行了调查分析；对合同条款是否进行逐条谈判；签约过程中的所有资料是否都经过严格的审阅、分类、归档。

（2）合同执行情况评价。评价合同实施过程中工期目标、质量目标、投资目标完成的情况和特点，分析有无重大安全事故发生，分析其原因和所带来的实际影响。

（3）合同管理工作评价。对合同管理本身如工作职能、程序、工作成果等的评价。

（4）有重大影响的合同条款评价。

（5）其他经验和教训。

8.3.2 合同审核要点

1. 合同封面审核要点

（1）是否使用合同模板。

（2）合同标题是否与合同内容实质相一致。

（3）合同编号、合同签订地是否明确，合同签订日是否准确。

2. 合同主体审核要点

（1）合同主体是否适合、是否有效存在、名称是否表述准确。

（2）EPC 总承包单位是否具备相应资质、是否具备一定的责任承担能力。

3. 合同协议书审核要点

（1）项目事实情况是否表述准确，是否与立项文件一致。

（2）文件解释顺序是否符合要求。

（3）合同总价是否与立项文件一致、是否为固定总价合同。

（4）工程分项价格是否明确。

（5）涉及工程总承包范围表述的，表述是否与专用条款冲突。

（6）工程质量标准是否满足实际行政办公需求。

（7）合同文本数量是否满足存档要求。

4. 合同通用条款审核要点

（1）EPC 合同通用条款之间是否存在冲突。

（2）如需修改通用条款的约定，可在专用条款中体现。

5. 合同专用条款审核要点

（1）EPC 合同的约定与前期其他合同是否有冲突。

（2）重要设备材料的采购方式是否明确。

（3）双方权利义务是否约定明确。

（4）双方风险分担是否合理。

（5）合同价格是否包含项目咨询费以及其他费用。

（6）开工及竣工条件是否明确约定、可执行。

（7）违约责任是否明确。

（8）工期约定是否合理，是否影响后续行政办公使用。

（9）支付方式是否合理。

（10）变更、调价等条款是否约定明确、合理。

6. 合同附件审核要点

（1）联合体协议对联合体成员权利义务约定是否明确。

（2）《技术规格书》相关内容的约定是否明确、合理。

8.3.3 发包人要求

发包人要求是指构成合同文件组成部分的名为发包人要求的文件，包括招标项目的目的、范围、设计与其他技术标准和要求，以及合同双方当事人约定对其所做的修改或补充。

（1）发包人要求要有清晰的工程施工界面划分和工作界定，有利于工作的协调。

（2）建设单位在编写发包人要求时要注意明确项目功能要求，明确设计要求、施工要求、确定准确的时间要求有利于规避风险。

（3）建设单位在编写发包人要求时须有性能保证指标（性能保证表）以确保项目工程的工程品质，保证质量。

（4）发包人要求相关内容要注意与市场情况及工程实际情况的匹配。

8.4　工作流程

合同管理流程图及其对应的内容见表 1-8-1。

表 1-8-1　合同管理流程图及其对应内容

总体流程	工作内容	成果文件
合同策划	1. 确认合同方式 2. 进行合约分判策划 3. 招标采购计划策划	《合约分判表》 《招标采购计划》
合同拟定、评审、签署	1. 组织合同文件拟定 2. 组织合同评审 3. 提交合同建议 4. 跟踪签署合同文件 5. 合同备案	《合同文件详审记录表》
合同执行	1. 合同变更 2. 索赔 3. 争议解决 4. 合同中止	《合同变更流程》 《索赔流程》 《争议解决流程》 《合同中止流程》
合同履约检查、纠偏	1. 合同履约检查，填写检查记录表（支付情况，人员到岗情况，工期、质量、安全） 2. 依据调查情况，对产生偏差的，组织确认采取纠偏措施	《合同履约检查表》
合同管理评价	对整个合同实施阶段管理进行总结，说明管理的成果，经验教训，并提出合同管理建议	《合同管理评价报告》

合同专用章使用流程图如图 1-8-1 所示。

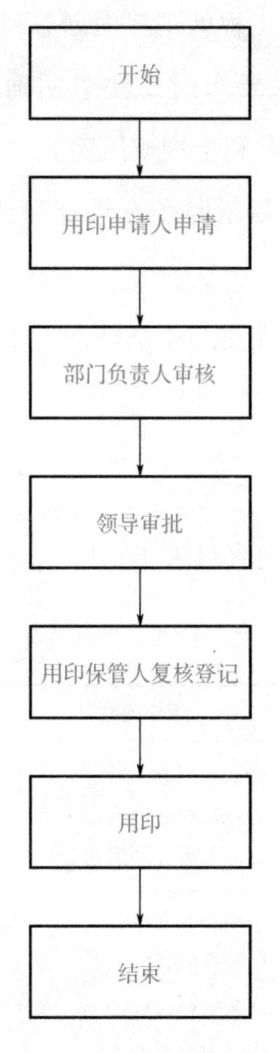

图 1-8-1　合同专用章使用流程图

8.5　重点注意事项

（1）合同中关于发包人、承包人双方的风险分担应明确、合理，体现公平原则。

（2）对合同约定工作范围需调整的情况，发包人与承包人可签订补充协议。

（3）合同中需单独立项的内容，具体界面划分以审批部门最终审定的范围为准。

（4）签订补充协议时，各标段合同主体信息应与原合同保持一致。

（5）若 EPC 总承包单位为联合体，EPC 设计费的支付是统一支付给牵头人（EPC 施工单位），还是由发包人直接支付给 EPC 设计单位，应在合同中明确约定，且约定后不应轻易改变支付方式。要充分考虑统一开具发票会出现重复缴税的情况，同时要考虑联合体设计方的工作积极性。

(6) 关于合同条款中有关时间的约定，采用国际上常用的 7 的倍数，还是国内用得较多的 5 的倍数，应尽量统一处理。

(7) 争议评审组负责对发包人和（或）承包人提请进行评审的合同项下的争议进行评审并在规定的期限内给出评审意见时，如发包人和承包人对评审意见有异议时，应在合同中约定解决方法。

(8) 注意合同文件优先顺序的相关约定。如果在不同的合同文件之间、同一个合同文件的不同部分之间或任何合同本身出现模糊、矛盾或不一致之处，且根据上述解释顺序仍不足以澄清的，除非合同另有约定，应以发包人的澄清或说明为准，如澄清或说明构成变更，应按变更处理。

(9) 在合同中约定哪些文件属于重大设计文件，以及监理人的批复期限、发包人的审核期限都应具体且明确。

(10) 合同词语定义中“天”的定义，保持用语统一。

(11) 合同中约定的承包人因违约支付发包人违约金的情况，需对违约金的计算方法进行明确约定。

(12) 合同条款中的“基准日”“基准日期”等相关表述，需保持用词统一。

(13) 合同中引用的标准文件是否过期需进行核对。

(14) 合同中对“计日工”的计算方法应明确。

(15) 如果合同签订主体是联合体，联合体双方均应在需盖章的文件上加盖公章。合同中应对联合体双方的工作边界、责任划分等内容进行详细约定。避免引起联合体成员之间的争议或纠纷。

(16) 有过程分阶段结算要求的，应将如何分段结算进行详细约定，避免后期合同管理难度进一步加大。

第 9 章　投资管理

9.1　一般规定

（1）建设单位建立项目投资管理制度及各分项管理办法，明确职责分工和业务关系，把管理目标分解到各参建单位的各项技术和管理过程。

（2）建设单位应对项目投资估算、概算、结算等各阶段价格进行审核、控制与评价。

（3）建设单位应编制项目总投资规划和项目资金使用计划，确定项目年度投资管理目标。

（4）建设单位应收集及熟悉项目相关资料；进行项目所在行业及市场分析；制订项目建设及运营管理计划；组织审查项目投资估算/概算；制订项目资金使用计划；制订项目投资控制策略；评判项目财务的可行性。

（5）实施过程中项目投资管理程序：

1）比较：项目实施过程中，建设单位定期收集整理数据，按照确定的方式将投资计划值与实际值逐项进行比较，确定投资是否超支。

2）分析：在比较的基础上，对比较的结果进行分析，以确定偏差的严重性及偏差产生的原因。

3）预测：根据工程项目实施情况估算整个项目完成时的投资。

4）纠偏：当项目实际投资出现偏差时，应根据项目具体情况、偏差分析和预测结果，采取针对性的措施，以达到使投资偏差尽可能小的目的。

5）检查：对项目实施过程进行跟踪和检查，及时了解项目进展状况以及纠偏措施的执行情况和效果。

9.2　基本规定

9.2.1　立项决策管理

立项决策阶段是决定建设项目经济效益的重要阶段，必须广泛、认真调研，分析影响项目投资的各种因素，主动与项目使用管理单位沟通，充分理解使用单位需求，编制科学、规范、有效的可行性研究报告，合理确定建设规模和建设标准，做好投资估算的编制与审查工作，将批准后的投资估算作为建设项目投资限额，不得随意突破。

在上报投资主管部门或者其他有关部门前，建设单位应组织审查项目投资估算：审查投资估算的编制内容的全面性、费用构成的完整性、计算的合理性，且编制深度是否满足建设项目决策的不同阶段对经济评价的要求，并要求投资估算的编制依据、编制方法、成果文件的格式和质量要求应符合文件要求及审批要求。

经评审批准后的投资估算是工程设计概算编制的重要依据，对工程设计概算起控制作用。

9.2.2　EPC项目招标采购管理

（1）建设项目工程总承包可在可行性研究报告、方案设计或初步设计批准后进行。建设单位应当根据建设项目特点、实际需要和风险控制选择恰当的阶段进行工程总承包的发包。

（2）建设单位应当在发包前完成项目审批程序。采用工程总承包方式的政府投资项目，原则上应当在初步设计审批完成后进行工程总承包项目发包；其中，按照国家有关规定简化报批文件和审批程序的政府投资项目，应当在完成相应的投资决策审批后进行工程总承包项目发包。

（3）采用工程总承包模式的，应根据发包内容，作为建设项目控制投资的基础：

1）在可行性研究报告批准或方案设计后，按照投资估算中与发包内容相应的总金额作为投资控制目标。

2）在初步设计批准后，按照设计概算中与发包内容相应的总金额作为投资控制目标。

（4）采用工程总承包模式，应当编制总承包合同中称为“发包人要求”的文件，在文件中明确建设项目工程总承包的目标、范围、功能需求、设计与其他技术标准，为工程 EPC 总承包单位投标报价提供依据。

（5）采用工程总承包方式发包的，选择设置标底或最高投标限价进行招标时，标底或最高投标限价应依据拟定的招标文件、发包人要求、项目清单，依据下列规定形成：

1）在可行性研究或方案设计后发包的，宜采用投资估算中与发包范围一致的同口径估算金额为限额进行修订后计列。

2）在初步设计后发包的，发包人宜采用初步设计概算中与发包范围一致的同口径概算金额为限额进行修订后计列。

建设单位应按投资控制目标合理确定标底或最高投标限价。

（6）建设项目工程总承包一般应采用总价合同，并在合同条款约定可以进行调整的情况，除合同相关约定进行调整外，合同价款不予调整。

（7）总价合同中也可以在专用合同条件中约定，将发承包时无法把握施工条件变化的某些项目单独列项，按照实际完成的工程量和单价进行结算支付。

（8）建设单位可委托具备相应资质的造价咨询单位，在建设项目总承包发包时对工程总承包费用项目编制项目清单，列入招标文件。工程费用项目清单可只提供项目清单格式不列工程数量，由投标人根据招标文件和发包人要求填写工程数量并报价。也可由投标人根据报价方案自行编制工程费用项目清单。以上两种情况均由投标人承担其估计数量不足的风险。

项目清单中需要填写技术参数等产品品质的项目，招标文件中应要求投标人对采用的产品品牌予以明示。

（9）初步设计后发包的，建设单位提供的工程费用项目清单仅作为工程 EPC 总承包单位投标报价的参考，投标人应依据发包人要求和初步设计文件、详细勘察文件进行投标报价。

1）对项目清单内容可以增加或减少。

2）对项目进行细化，在原项目下填写投标人认为需要的施工项目和工程数量及单价。

（10）工程费用项目清单列出的建筑安装工程量仅为估算的数量，不得将其视为要求工程 EPC 总承包单位实施工程的实际或准确的数量，工程费用项目清单中列出的建筑安装工程的任何工程量及其价格应仅限于合同约定的变更和支付的参考，而不作为结算依据。

9.2.3 设计概算管理

（1）经投资主管部门或者其他有关部门核定的投资概算是控制政府投资项目总投资的依据。政府投资项目建设投资原则上不得超过经核定的投资概算。因国家政策调整、价格上涨、地质条件发生重大变化等原因确需增加投资概算的，建设单位应当提出调整方案及资金来源，按照规定的程序报原初步设计审批部门或者投资概算核定部门核定。

（2）设计概算文件编制必须建立在正确、可靠、充分的编制依据基础之上。

（3）建设单位在管理过程中应要求设计概算文件编制人员与设计人员密切配合，以确保概算的质量，项目设计负责人和概算负责人应对全部设计概算的质量负责。有关的设计概算文件编制人员应参与设计方案的讨论，与设计人员共同做好方案的技术经济比较工作，以选出技术先进、经济合理的最佳设计方案。要求设计人员要坚持正确的设计指导思想，树立以经济效益为中心的观念，严格按照批准的可行性研究报告或立项批复文件所规定的内容及控制投资额度进行限额设计，并严格按照规定要求，提出满足概算文件编制深度的设计技术资料。

（4）设计概算应按编制时项目所在地的价格水平编制，总投资应完整地反映编制时建设项目的实际投资，设计概算应考虑建设项目施工条件等因素对投资的影响；还应按项目合理工期预测建设期价格水平等。

（5）设计单位完成初步设计概算后报送建设单位，建设单位必须及时组织力量对概算进行审查，并提出修改意见反馈设计单位。由设计、建设双方共同核实取得一致意见后，由设计单位进行修改，再随同初步设计一并报送主管部门审批。

9.2.4 施工过程管理

1. 支付计划与价款支付

（1）建设单位应组织编制总投资支付计划、年度投资支付计划及月投资支付计划。

（2）建设单位应在开工建设前组织各相关参建单位编制支付计划与价款支付管理办法，明确支付流程、支付要求、支付资料格式以及各相关参建单位的职责分工等。

（3）在 EPC 项目投资管理中，加强设计变更、经济签证的审定工作。[11]

（4）工程总承包项目应尽量采用支付分解表的形式进行支付。

（5）建设单位应要求工程 EPC 总承包单位编制工程总进度计划和工程项目管理及实施方案，并报送相关参建单位进行审批；工程总进度计划和工程项目管理及实施方案应包含按合同约定的支付方式编制细目，明确里程碑节点，作为控制工程进度以及工程款支付分解的依据。

（6）工程 EPC 总承包单位根据价格清单的价格构成、费用性质、工程进度计划、工程项目管理及实施方案和相应工作量等因素，编制合同价款支付分解表，上报相关参建单位进行审批。其中：

1）建筑工程费按照合同约定的工程进度计划划分的里程碑节点（工程形象进度）及对应的价款比例计算金额占比，进行支付分解。

2）设备购置费和安装工程费按订立采购合同、进场验收、安装就位等阶段约定的比例计算金额占比，进行支付分解。

3）设计费按照提供设计阶段性成果文件的时间，对应的工作量进行支付分解。

（7）工程总进度计划进行了修订的，应相应修改支付分解表，并按程序报各相关参建单位批复。

（8）支付分解表的动态管理流程：

1）工程 EPC 总承包单位提交支付分解表。

2）相关参建单位批复支付分解表。

3）动态修订。

（9）工程 EPC 总承包单位按建设项目支付计划与价款支付管理办法、工程形象进度和经批复的支付分解表进行进度款的申请，相关参建单位审核，建设单位批复并支付。

2. 合同价款的调整

（1）下列事项（但不限于）发生，应当按照合同约定调整合同价款、工期：

1）法律法规变化。

2）工程变更。

3）物价变化。

4）不可抗力。

5）工期提前、延误。

6）计日工。

7）工程签证。

8）预备费（暂列金额）。

9）发承包双方约定的其他调整事项。

（2）建设单位在建设项目实施管理过程中，组织相关参建单位动态监控合同价款调整事项的发生，严格按照合同约定执行。

1）出现合同价款调增事项（不含计日工、工程签证、索赔）后，工程 EPC 总承包单位应按合同约定时间向监理单位、造价咨询单位提交合同价款调增报告并附相关资料；在合同约定时间内未提交报告的，视为工程 EPC 总承包单位对该事项不存在调整价款请求。

2）出现合同价款调减事项（不含索赔）后，建设单位会同监理单位、造价单位在合同约定的时间内向工程 EPC 总承包单位提交合同价款调减报告并附相关资料；在合同约定时间内未提交报告的，视为建设单位对该事项不存在调整价款请求。

3）各参建单位应在收到合同价款调增（减）报告及相关资料后，在合同约定的时间内予以书面确认；当有异议时，建设单位应组织各方协商解决。工程 EPC 总承包单位不应以争议未解决而影响现场施工。

4）经各方确认调整的合同价款，作为追加（减）合同价款与工程进度款同期支付（扣减）。

（3）因建设单位提出变更发包人要求或初步设计文件，导致施工图设计变更的，应按照合同约定调整合同价款。由工程 EPC 总承包单位提出变更费用，监理单位、造价咨询单位进行审核后报建设单位批复。

（4）建设单位应建立相关制度鼓励工程 EPC 总承包单位对发包人要求、方案设计或初步设计文件进行设计优化，提出合理化建议，提高工程的经济效益或其他利益，并对 EPC 总承包单位合理化建议形成的利益双方分享，调整合同价格和工期。

（5）工程合同中承包商发起的索赔主要涉及两类，一类是对工期的索赔，另一类是对费用的索赔。[12] 提出索赔时，应有正当的索赔理由和有效证据，在合同约定的期限内向对方提出。建设单位应组织监理单位、造价咨询单位制订风险预控方案，避免索赔事件的发生。

3. 投资动态控制

（1）造价咨询单位编制动态投资台账，定期将动态的项目投资实际值与计划值相比较，将动态投资控制情况的详细报告上报建设单位，建设单位及时掌握投资偏差的情况，组织各相关参建单位采取措施，及时纠偏。

（2）建设单位在合同工程建设过程中，督促施工单位进行成本核算，采取有效措施，在保证工程品质的基础上降低工程成本。

4. 过程结算

（1）各相关参建单位应该按照合同约定的时间、程序和方法，在合同履行过程中办理分阶段过程结算。

（2）如果合同约定，将发承包时无法把握施工条件变化的某些项目单独列项，按照实际完成的工程量和单价进行结算支付。按合同约定对完成的里程碑节点应予计算的工程量及单价进行结算，支付进度款。

9.2.5 竣工结算管理

（1）建设单位应组织各相关参建单位编制竣工结算管理办法，明确结算原则、结算要求、工作流程、进度安排以各相关参建单位职责等。

（2）合同工程完工后，工程 EPC 总承包单位可在提交工程竣工验收申请时向建设单位提交竣工结算文件。建设单位应及时组织监理单位、造价咨询单位对竣工结算文件进行审核。

（3）各相关参建单位应当在合同约定时间内办理工程竣工结算，在合同工程实施过程中已经办理并确认的期中结算的价款应直接进入竣工结算。竣工结算的合同价格为扣除预备费（暂列金额）后的签约合同价加（减）按照合同约定调整的价款和索赔的金额。

（4）采用工程总承包模式，除合同条款约定的按照实际完成工程量进行结算支付的部分项目外，不得以项目的施工图为基础，采用工程量清单计算。

（5）工程 EPC 总承包单位应根据办理的竣工结算文件，向发包人提交竣工结算款支付申请。

（6）竣工结算的合同价格不得超过批复的概算金额。

（7）政府投资建设项目在项目竣工结算完成进行审计，各相关参建单位应积极配合竣工结算审计工作。

9.3　工作要求

9.3.1　策划阶段的投资管理

（1）投资估算的编制与审核。充分发挥造价咨询单位作用，投资估算的编制应内容全面、费用构成完整、计算合理，编制深度满足建设项目决策的不同阶段对经济评价的要求。投资估算的编制依据、编制方法、成果文件的格式和质量要求应符合现行的《建设项目投资估算编审规程》的要求。组织造价咨询单位对投资估算进行审核，审核时应根据工程造价管理机构发布的计价依据及有关资料，对编制依据、编制方法、编制内容及各项费用进行审核，并提供审核意见及建议。经评审批准后的投资估算应作为编制设计概算的限额指标，投资估算中相关技术经济指标和主要消耗量指标应作为项目设计限额的重要依据。

（2）决策阶段方案经济比选。组织造价咨询单位编制方案经济比选分析报告。方案经济比选评价指标体系应包括技术层面、经济层面和社会层面，依据项目类别按照不同比选层面分成若干比选因素，按照指标重要程度设置主要指标和辅助指标，选择主要指标进行分析比较。方案经济比选分析应根据设计方案评价的目的，依据初步筛选的比选方案确定经济评价指标体系，计算各项经济评价指标值及对比参数，通过对于经济评价指标数据的分析计算，排出方案的优劣次序。方案经济比选应结合建设项目的使用功能、建设规模、建设标准、设计寿命、项目性质等要素，运用价值工程、全生命周期成本等方法进行分析，提出优选方案及改进建议。

（3）建设项目经济评价。经济评价的编制依据、编制方法、成果文件的格式和质量要求应符合《建设项目经济评价方法和参数》（第三版）的相关规定，深度应满足项目决策阶段的要求。

9.3.2 实施阶段的投资管理

1. 设计概算的编制与审核

编制设计概算时，应延续已批准的建设项目投资估算编制范围、工程内容和工程标准，并将设计概算控制在已经批准的投资估算范围内。如发现投资估算存在偏差，应在设计概算编制与审核时予以修正和说明。对项目设计概算进行审核时，应审核建设项目总概算、单项工程综合概算、单位工程概算的准确性，比较并分析设计概算费用与对应的投资估算费用组成，组织编制建设项目资金使用计划书。

2. 优化设计

EPC 设计单位负责优化设计，优化设计造价咨询报告应包括范围及内容、优化的依据、采用的方法、相关技术经济指标、结论与建议等内容。根据经济比选优化后的设计成果作为深化设计限额。

3. 项目资金使用计划的编制

编制项目资金使用计划。编制建安工程费用资金使用计划时应依据 EPC 合同和批准的施工组织设计，并与计划工期、支付分解表和工程款的支付周期及支付节点、竣工结算款支付节点相符。根据进度计划、支付分解表的调整以及建设单位资金状况适时调整项目资金使用计划。

4. 工程计量与工程款审核

（1）工程款“双月+节点”支付。按合同约定工程 EPC 总承包单位应于约定日期向监理单位、造价咨询单位、建设单位报送工程进度款的支付申请。

工程 EPC 总承包单位应根据价格清单的价格构成、费用性质、计划发生时间、相应工作量以及合同等因素，按照分类和分解原则，结合约定的合同进度计划，约定的节点汇总形成节点的支付分解表。

形成节点的支付分解表后，工程 EPC 总承包单位再按节点平均分配至月至双月，最终形成节点间双月支付分解表。

工程 EPC 总承包单位还需编制人工费的月支付分解表，支付分解表明确每月的人工费，并成立专用账户，专项用于支付本项目农民工工资。

工程进度款根据经批复的支付分解表采用里程碑节点控制，节点间按月平均计算，双月支付的方式，节点工期少于 2 个月的，按节点支付；节点工期大于 2 个月的按所在节点工期的双月数量分次进行支付。

暂估价的专业分包工程项目的支付分解，工程 EPC 总承包单位暂依据暂估金额进行支付分解。待暂估价的专业分包工程项目签订合同后，按其签订的合同进行修订支付分解表，报相关参建单位审批调整。

具体支付方式以发改部门最终资金拨付方式调整后进行支付。建设项目纳入审计项目计划的，双方配合接受审计，审计结论作为双方工程结算的依据，支付时间均以政府拨付到位、按程序予以支付的时间为准。

支付过程中落实《保障农民工工资支付条例》（中华人民共和国国务院令第 724 号）的规定。

（2）设计费支付。EPC 总承包项目招标时，根据批复概算投资，合理确定设计费，预付款支付按签约合同价中的设计费，根据合同约定的比例进行支付；施工图设计完成、竣工验收后根据合同约定的比例及结算方式进行支付。

（3）工程变更洽商。建设单位拥有批准变更的权限，变更指令以书面形式发出。建设单位依据监理人的建议、工程 EPC 总承包单位的建议及合同约定的变更范围，下达变更指令。变更程序从变更提出、变更估价、变更范围等均在合同中有明确细致的规定；在项目管理过程中将工程变更分为三类：Ⅰ类为建设单位基于对工程的功能使用、规模标准等方面提出新的要求提出变更，会出现增减造价和不增减造价两种情况，视造价增减的具体情况确定如何执行，如果不增加造价，则将变更洽商资料下发至 EPC 总承包单位执行即可；Ⅱ类为工程 EPC 总承包单位提出的工程变更，如果增加造价较多，则需要进行多方案比较、经专家论证后再确定如何执行；如果涉及费用金额较小，则建设单位视具体情况确定是否执行即可；Ⅲ类为 EPC 总承包单位提出的变更洽商，但不涉及造价调整，EPC 总承包单位上报后，在保证工程质量不降低的情况下及时执行。

（4）工程结算预审计。工程结算预审计是委托第三方审计单位，对工程招标采购、施工管理、进度款支付、变更（洽商）控制等进行监督检查，及时、全面发掘现有项目成本的问题，并对发现的问题提出整改意见。

9.3.3　竣工验收阶段的投资管理

1. 组织审核竣工结算

工程竣工验收合格，要求工程 EPC 总承包单位按结算管理办法提交竣工结算资料（含结算报告及结算资料）。要求委托的监理单位、造价咨询单位开展结算审核工作，工程 EPC 总承包单位须配合造价咨询单位的结算审核工作。建设单位、工程 EPC 总承包单位、造价咨询单位及监理单位四方经审核确认后，形成审定的竣工结算合同总价。除设计费外的竣工结算合同总价不得超过批复的对应初步设计概算金额，如超出批复的对应初步设计概算金额，则相应结算价格为对应批复的初步设计概算金额。竣工结算合同总价中的设计费不得超过批复的对应初步设计概算金额，如超出批复的对应初步设计概算金额，则相应结算价格为对应批复的初步设计概算金额。

2. 配合竣工结算审计工作

政府投资或者以政府投资为主的建设项目纳入审计项目计划的，建设单位和工程 EPC 总承包单位均负有配合、接受审计机关审计的义务，竣工结算合同总价应当以审计报告作为双方结算的最终意见。如建设单位支付的金额已超出审计机关审计金额的，工程 EPC 总承包单位需无条件按审计报告将超出部分于 15 个工作日内退还建设单位。

9.4 工作流程

投资管理总体流程如图 1-9-1 所示。

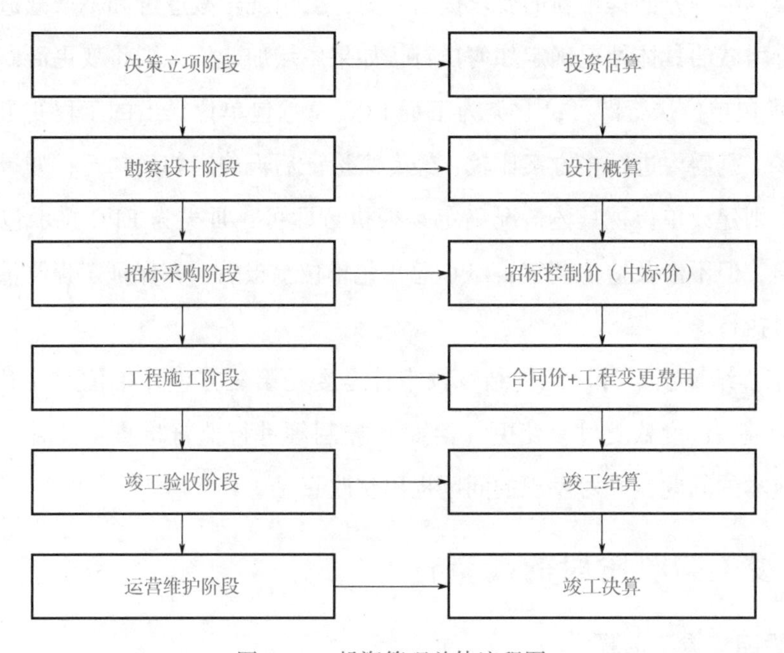

图 1-9-1　投资管理总体流程图

进度付款流程如图 1-9-2 所示。

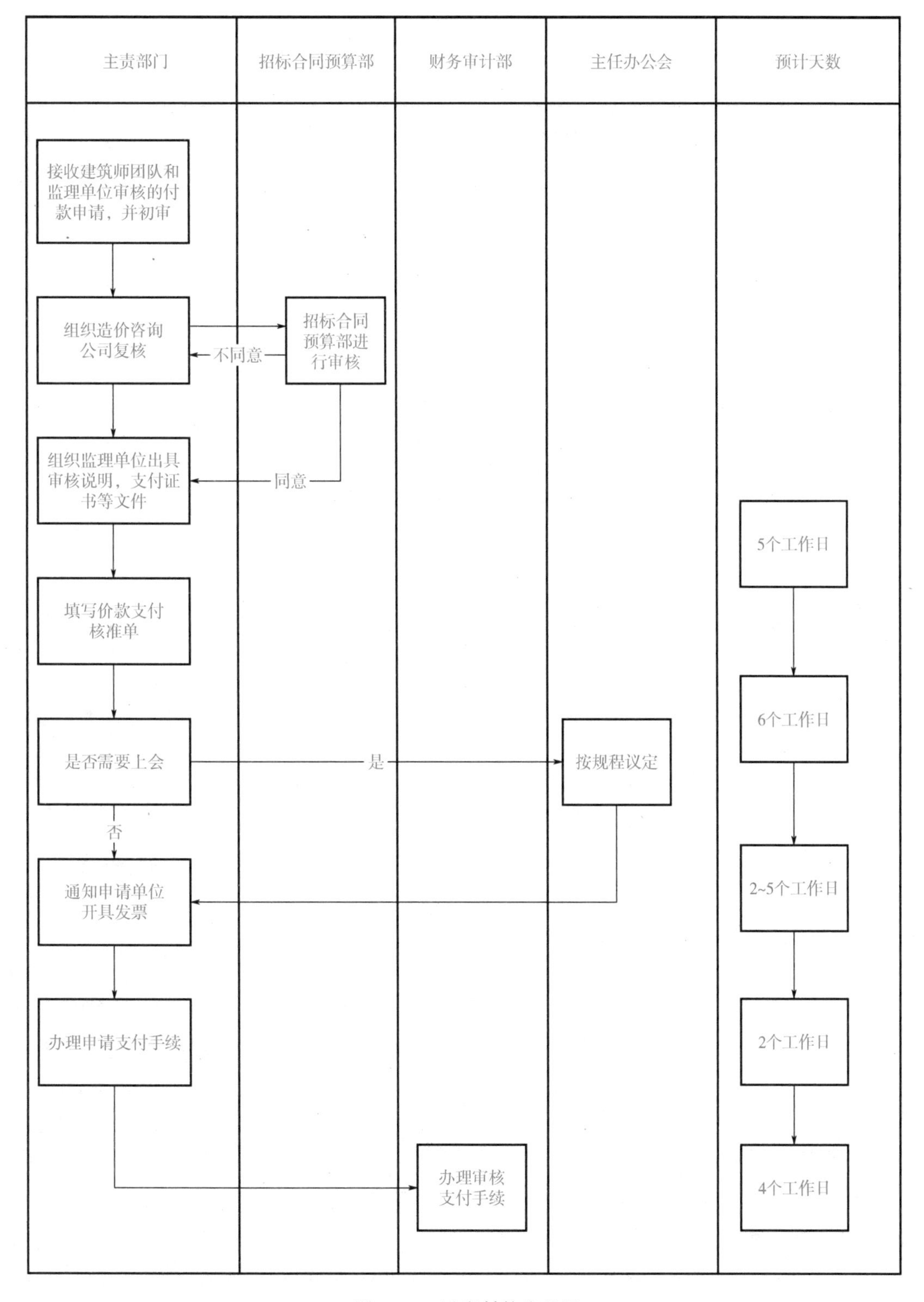

图 1-9-2　进度付款流程图

预付款支付申请核准单见表 1-9-1。

表 1-9-1　预付款支付申请核准单

共　页

<table>
<tr><td rowspan="6">基本信息</td><td colspan="3">建设单位</td></tr>
<tr><td colspan="3">EPC 总承包单位</td></tr>
<tr><td colspan="3">合同名称、编号</td></tr>
<tr><td colspan="3">合同标的包括的工程项目</td></tr>
<tr><td colspan="3">合同价格</td></tr>
<tr><td colspan="3">各个工程项目合同价格</td></tr>
<tr><td rowspan="5">预付款请款情况</td><td colspan="3">审核确定的预付款金额</td></tr>
<tr><td colspan="3">本次支付相应的工程项目</td></tr>
<tr><td colspan="3">其中包括的款项及其金额</td></tr>
<tr><td colspan="3">本核准单附件</td></tr>
<tr><td colspan="3">备注</td></tr>
<tr><td rowspan="4">主责部
（含项目部）
核准情况</td><td rowspan="4">核准和支付意见：</td><td>核准人</td><td></td></tr>
<tr><td>日　期</td><td>年　月　日</td></tr>
<tr><td>部门负责人</td><td></td></tr>
<tr><td>日　期</td><td>年　月　日</td></tr>
<tr><td rowspan="4">招标合同预算部
核准情况</td><td rowspan="4">核准和支付意见：</td><td>核准人</td><td></td></tr>
<tr><td>日　期</td><td>年　月　日</td></tr>
<tr><td>部门负责人</td><td></td></tr>
<tr><td>日　期</td><td>年　月　日</td></tr>
</table>

进度款支付申请核准单见表 1-9-2。

表 1-9-2　进度款支付申请核准单

共　页

<table>
<tr><td rowspan="6">基本信息</td><td colspan="2">建设单位</td></tr>
<tr><td colspan="2">EPC 总承包单位</td></tr>
<tr><td colspan="2">合同名称、编号</td></tr>
<tr><td colspan="2">合同标的包括的工程项目</td></tr>
<tr><td colspan="2">合同价格</td></tr>
<tr><td colspan="2">各个工程项目合同价格</td></tr>
<tr><td rowspan="6">进度款请款情况</td><td colspan="2">审核确定的本期进度款支付金额</td></tr>
<tr><td colspan="2">本期支付相应的工程项目</td></tr>
<tr><td colspan="2">本期支付包括的款项及其金额（包括抵扣）</td></tr>
<tr><td colspan="2">本期支付期数</td></tr>
<tr><td colspan="2">本核准单附件</td></tr>
<tr><td colspan="2">备注</td></tr>
<tr><td rowspan="3">支付情况</td><td colspan="2">至上期累计支付金额</td></tr>
<tr><td colspan="2">至本期累计支付金额</td></tr>
<tr><td colspan="2">至本期累计支付金额占合同价格比例</td></tr>
<tr><td>主责部
（含项目部）
核准情况</td><td>核准和支付意见：</td><td>核准人
日　期　　　　年　月　日
部门负责人
日　期　　　　年　月　日</td></tr>
<tr><td>招标合同预算部
核准情况</td><td>核准和支付意见：</td><td>核准人
日　期　　　　年　月　日
部门负责人
日　期　　　　年　月　日</td></tr>
</table>

竣工结算款申请核准单见表 1-9-3。

表 1-9-3　竣工结算款支付申请核准单

共　页

基本信息	建设单位		
	EPC 总承包单位		
	合同名称、编号		
	合同标的包括的工程项目		
	合同价格		
	各个工程项目合同价格		
审定（或经评审、审计）审核确定及请款情况	审定的（或经评审、审计的）竣工价款结算金额		
	合同价款结算相应的工程项目		
	累计已支付金额		
	本次申请支付金额		
	至本次支付累计价款总额占审定竣工价款结算金额比例		
	本核准单附件		
	备注		
主责部（含项目部）核准情况	核准和支付意见：	核准人	
		日　期	年　月　日
		部门负责人	
		日　期	年　月　日
招标合同预算部核准情况	核准和支付意见：	核准人	
		日　期	年　月　日
		部门负责人	
		日　期	年　月　日

9.5　重点注意事项

1. 工程款支付需注意问题

（1）应在合同中约定："进度付款涉及政府投资资金的，按照国库集中支付等国家相关规定和专用合同条款的约定办理。如因政府资金拨付审批时间拖延，致使发包人不能及时支付承包人合同价款时，发包人可以延迟相应合同价款的支付，该延期支付不能视为发包人违约"，所以项目实施过程中应严格履行合同约定。

（2）建设单位可要求工程 EPC 总承包单位进度计划编制充分可靠，避免进度产生过大偏差，如无特殊事由发生，对工程影响较大的里程碑节点，尽量不调整。

（3）如果有进度提前的优化方案需在年度计划申报前上报，给建设单位充足的时间准备资金申请。

（4）建设单位年度资金使用计划应具有一定的前瞻性，依据计划支付承包人进度款时，尽量均衡付款，避免前松后紧到后期无款可付。

（5）建设单位应提醒工程 EPC 总承包单位合理分配使用资金，避免因支付不及时发生相关争议。

2. 过程结算需注意问题

（1）相关文件规定

1）2016 年 1 月，《国务院办公厅关于全面治理拖欠农民工工资问题的意见》（国办发〔2016〕1 号）中，首次明确要求全面推行过程结算。

2）2017 年 9 月，《住房城乡建设部关于加强和改善工程造价监管的意见》（建标〔2017〕209 号）中，再次提出要推行工程价款施工过程结算制度。

3）2019 年 1 月，北京市住房和城乡建设委员会发布《关于落实房屋建筑和市政基础设施工程建设单位工程款结算和支付相关要求的通知》（京建法〔2019〕1 号）要求全面落实施工过程结算，按照施工合同约定计量周期或工程进度结算并支付工程款。

4）2020 年初，国务院常务会议明确要求：在工程建设领域全面推行过程结算，加大保函替代施工单位保证金推广力度。

5）2020 年 7 月，住建部发布《工程造价改革工作方案》明确：加强工程施工合同履约和价款支付监管，引导发承包双方严格按照合同约定开展工程款支付和结算，全面推行施工过程价款结算和支付。

6）2021 年 11 月，住房和城乡建设部标准定额司关于征求《建设工程工程量清单计价标准》（征求意见稿），在结算与支付章节中新增了“施工过程结算”内容。

7）2021 年 12 月，住房和城乡建设部对《建筑工程施工发包与承包计价管理办法》16 号部令进行了修订，发布《建筑工程施工发包与承包计价管理办法》（修订征求意见稿）。新增了“推行建筑工程施工过程结算”的条款：明确过程结算的内容，规定过程结算开展的基本流程和时限要求，提出不得以未完成政府审计作为延期结算理由。

（2）过程结算的概念

过程结算是指发承包双方在建设工程施工过程中，不改变现行工程进度款支付方式，把工程竣工结算分解到施工合同约定的形象节点之中，分段对质量合格的已完成工程进行价款结算的活动。

（3）过程结算的作用

相较于竣工结算，推行施工过程结算，主要作用是：

1）推行过程结算有利于建设项目的投资控制，是实现动态投资控制的重要手段。

2）规范 EPC 工程总承包合同管理，通过过程结算可以分析不同原因引起的工程价款调整，采取相应管理措施，及时发现合同的缺陷和不足，进行补充完善。

3）过程结算是反映工程进度的主要指标。在施工过程中，过程结算的依据之一就是按照已完成的工程进行结算，根据累计已结算的工程价款占合同总价款的比例，能够近似反映出工程的进度情况。

4）避免发承包双方争议，施工过程结算对工程变更、现场签证、索赔等引起的价款调整的诸多因素及时调查、分析论证、确认，有效化解结算纠纷。

5）过程结算可推动过程审计的实行，可节省审计成本，避免重复劳动，提高了结算工作效率。

6）有效解决“结算难”，工程建设是一个时间跨度非常长的系统工程，项目结束后往往面临过程资料缺失、过程管理知情人员变动、当时项目管理实际情况不清晰等多种情况，扯皮现象就层出不穷，浪费大量的人力、物力、精力和时间成本。以过程分阶段结算的方式，避免了竣工后的争议，也有利于整个项目的管理。

（4）过程结算依据

1）EPC 工程总承包合同文件及其补充资料（含价格清单）。

2）建设工程设计文件（设计图及工程洽商变更审批单）及相关资料，包括但不限于对应结算阶段的施工图、专业深化设计施工图、图纸会审、施工方案（或施工组织设计），内容必须齐全，并经有效签认。

3）EPC 工程总承包招标投标文件。

4）材料设备认价单。

5）发承包双方已确认应计入当期施工过程结算的工程量及其施工过程结算的合同价款。

6）结算分段划分的相关资料，例如各单体工程的土护降工程、基础工程、主体工程、装饰工程、安装工程施工计划工期等；各阶段工程施工期有关设计变更、洽商，各项费用及签证资料真实、完整且有效。

7）质量验收资料，验收合格记录单，格式可参照《工程竣工验收记录单》。

8）材料设备进场报验资料。

9）建设单位和监理工程师书面发布的有关文件。

10）与过程结算依据相关的其他资料。

（5）过程结算前提

1）过程结算相关制度、程序等管理体系完善。

2）过程结算依据资料真实、有效、齐全、可靠。

3）与分段结算相对应的节点质量验收合格。

4）工程变更按程序完成签字审批手续。

5）材料设备进场报验资料完整。

（6）过程结算程序

1）工程 EPC 总承包单位根据合同约定完成本结算周期的施工工作，并通过验收。

2）工程 EPC 总承包单位应按合同约定的周期编制《分部分项工程过程结算书》，完成结算资料，根据合同约定报送监理单位。

3）监理单位按照合同约定及结算要求进行审核，审核分部分项工程完成情况、质量验收情况，以及数量、金额是否准确，并将审核意见反馈给工程 EPC 总承包单位。

4）工程 EPC 总承包单位按照审核意见修改后由监理单位签字确认并提交建设单位审核，建设单位确认后委托造价咨询单位进行审核。

5）过程结算审核完成后，建设单位、工程 EPC 总承包单位与审核单位须在结算审核结果文件上签字盖章，各阶段结算结果文件汇总后作为工程竣工结算的依据资料。

6）建设单位财务部门根据审批结果及合同约定进行工程款支付。

7）以节点竣工验收完成时间为基准点，结算时间最长不得超过三个月。

（7）关于结算周期

施工过程结算周期可根据建设工程的主要特征、施工工期以及建设资金的落实情况，按工程主要结构、分部分项工程或施工周期（月、季、年等）进行划分。过程结算应与进度款支付节点相衔接。

1）按照工程进度结算：可分为按月结算与支付，按季、年结算与支付等方式。

2）按完成节点结算：房屋建筑工程施工过程节点应根据项目大小合理划分，可分为基础工程、地下室工程、地上主体结构工程、安装工程和装饰装修工程等周期。

3）结合项目实际情况，在实际操作中建设单位和工程 EPC 总承包单位可根据专业及项目特点适当调整划分过程结算周期节点。

（8）价款支付

可在 EPC 合同中约定“除设计费外的竣工结算合同总价不得超过发改部门批复的对应初步设计概算金额，如超出批复的对应初步设计概算金额，则相应结算价格为对应批复的初步设计概算金额。”因此过程结算中的价款支付可按如下进行：

1）审核分段结算的金额没有超过对应的批复概算金额，建设单位依据已确认的施工过程结算文件，向工程 EPC 总承包单位及时支付已完工程过程结算价款。

2）审核分段结算的金额超过对应的批复概算金额，建设单位按批复概算金额支付施工过程结算价款。

3）分段结算审定金额低于过程中支付进度款金额时，在下一个进度款支付时扣回相应多付金额；同时下一阶段结算时需重点关注扣减情况。

4）分段结算审定金额高于过程中支付进度款金额，可在不超过对应批复概算金额的基础上按审定分段结算金额支付。

5）根据确定分段结算金额，建设单位按不低于工程价款的 75%，不高于工程价款的 90%，向工程 EPC 总承包单位支付工程进度款。剩余部分工程价款在竣工结算时支付。

6）人工费支付：在总承包合同中约定人工费用拨付周期，人工费用拨付周期不得超过 1 个月。未及时拨付工程款导致农民工工资拖欠的，建设单位应当以未结清的工程款为限先行垫付被拖欠的农民工工资。

（9）争议处理

过程结算应依据合同约定的结算原则和结算资料，对已完工程进行计量计价。计量计价有争议的，争议部分按合同约定的争议方式处理，无争议部分应按期办理施工过程结算。

（10）过程结算的风险管理

1）过程结算同样也会存在结算资料不全，依据不充分的问题，甚至还有可能工程 EPC 总承包单位为了自身利益弄虚作假；如果审核人员水平不高、审核不严、敬业精神不足以及存在管理无序等情况，将对审核结果造成一定的风险。

2）在项目施工过程中，注意对结算资料的收集、整理、归档的管理工作，避免因资料不全对结算审核工作造成依据不充分无法结算、支付的情形；做好项目的过程结算管理工作，选用高素质、高水平的咨询单位进行结算审核工作，并要求咨询单位选派能力强、水平高的结算人员进行过程结算。

3）对过程结算严格把关，过程结算及时精准的高质量完成，既可以加快工程结算进度，又可以避免造成后期结算金额的超支，对及时高效完成结算提供有力保障。建设单位可配备相应的专业技术人员或者委托工程造价咨询机构，对实施施工过程结算的工程推行全过程造价咨询，以强化建设单位对工程施工、工程变更、价款结算等环节的管理，提升建设单位的工程造价管理能力，并明确造价咨询企业不得以工程造价核减额作为收取咨询服务费的基数。

3. 竣工结算需注意问题

（1）结算工作应严格控制，严禁超概算。

（2）熟悉工程合同文件和各种相关资料，弄清合同所包括的具体范围是正确审核结算的前提。在审核结算中遇到的问题必须依据合同中相关条款规定执行。

（3）分析工程竣工资料的内容：EPC 总承包项目需根据合同文件内有关审核结

算的具体内容，特别对工程变更单、技术核定单、经济签证单等竣工资料，审核人员需着重梳理并分析以下几点进行审核：①审核面单内容是否非 EPC 总承包单位的原因造成；②针对此类竣工资料，是否有类似工作联系函的其他相应事件发生的相关资料；③经济签证资料的内容、项目是否清楚；④签字、盖章流程是否完善。

（4）变更和签证项目具体实施的时间点记录清晰准确，对于拟裁定的材料价格与施工期严格对应，签证文字资料相配合的影像资料齐全且签字依据完整，不合格的记录不能作为竣工结算资料。

（5）加强过程结算的管理，提高过程结算的审核精度，从而达到竣工结算审核准确性和及时性的双重目标。

4. 审计工作的相关建议

（1）建设单位要积极与政府审计主管部门针对 EPC 项目审计工作的进行充分沟通，明确针对 EPC 项目的审计范围、重点、流程等相关内容，并针对 EPC 项目的特点提出工作建议，例如：EPC 审核流程及程序适当简化，对设计优化节省投资部分的核减问题等；并建议政府审计主管部门也需主动对采用 EPC 工程总承包模式的项目实施针对性的管理措施，与市场主体共同推进 EPC 工程总承包模式的发展。

（2）对于重大设计变更建设单位提前组织专家论证，依据资料准备充分。

（3）建设单位组织各参建单位对审计应进行专题研究并执行。

（4）工程建设开始或施工过程中邀请审计单位不定期对工程款支付情况进行审核，将施工过程结算成果文件提交审计局、财政局备案，终审时随时调取，可以提高审计效率，避免重复审计，节约人力物力。

（5）建立严格的档案管理制度，将与工程有关的档案资料交由专人保管。同时，收集施工过程中形成的现场记录、影像等资料，进行相关取证工作，在项目实施过程中应及时对资料进行收集整理归档，确保资料的真实、完整。

（6）从施工与设计相符性上进行审查。审查施工中是否存在没有实施的情况；审查设计选定参数的设备，施工中是否严格按设计所选型号采购等，现场查证是否按图施工。建议建设单位在施工过程中，督促监理单位对工程 EPC 总承包单位进行管理，使工程 EPC 总承包单位做到按图施工，施工图与现场实际相符，同时监督工程 EPC 总承包单位做好主要设备材料盘点工作，设备材料进货单、报验单、验收单数量、规格、型号保持一致。定期或不定期开展对工程 EPC 总承包单位的检查工作，从施工与设计相符性上对工程 EPC 总承包单位进行审查。

（7）审计通过收集监理单位、建设单位、造价咨询单位等施工过程中形成的现场记录、影像等资料，了解工程实施中的真实情况，进行相关取证工作，按资料进行审核。因此在项目实施过程中，监理或过程管控人员、项目管理人员，认真核实签证内容，不得随意签字，造成部分施工内容与签字内容不符。

（8）EPC 项目在审计工作过程中，建设单位、监理单位、勘察单位、EPC 总承包单位、项目管理部门、过程管控部门、材料设备供应商等各单位应积极密切配合，不应对审计采取回避的态度，应及时提交反映工作原始情况的记录、底稿或影像等资料。要求认真对待审计工作，对审计提出的问题积极应对，随时沟通，提出积极解决方案，有利于审计工作顺利开展。

（9）建立各种台账，合同台账、进度款支付台账、施工过程结算台账、工程变更汇总台账等，便于投资控制与管理。

（10）成立工程结算领导小组，其主要职责是参与工程结算资料的审核、谈判并指导、监督结算工作，决策和处理工程结算过程中的重大事项。结算工作小组应对聘请的造价咨询单位进行全过程的管理与监督，共同完成结算审核工作，督促相关部门及造价咨询机构编制项目结算计划、组织结算资料的编报、结算审核、结算核对与谈判、结算复审、审计等相关工作。根据结算领导小组的结算意见，形成最终的“工程结算审核报告”，内部会签和审批通过后，要求工程 EPC 总承包单位尽快组织完成结算审核资料的组卷、盖章、签字和分发、存档工作。

5. 政策文件方面

建设单位必须积极关注国家、行业投资管理相关政策文件的变化，随时掌握最新文件精神。

第10章　进度管理

10.1　一般规定

（1）建设单位结合项目的合同工期要求，结合经济、技术、资源等情况，及时制定总体进度目标，并根据项目实施情况进行必要的动态调整。

（2）建设单位组织编制项目全阶段的总控计划，总控计划以年度为单位。总控计划经批准后，要求各参建单位将其分解为年度实施计划，季度实施计划，同时设立年度目标及季度目标。

（3）实施跟踪检查，进行数据记录与统计。在进度计划实施过程中，根据实际需要采取组织、经济、技术、管理等措施来保证计划的顺利进行，同时要求对项目进度状态进行观测，通过密切的跟踪检查掌握进度动态。

（4）将实际数据与计划目标对照，分析计划执行情况。将项目的实际进度与计划进度进行对比，分析进度计划的执行情况，确定各项工作、阶段目标以及整个项目完成程度，综合评价项目进度状况，并判断是否产生偏差。

（5）采取纠正偏差的措施，确保各项计划目标实现。若确认进度无偏差，则继续按原计划实施，若确认产生了偏差，分析进度偏差的影响，找出原因，并通过调整关键工作、调整非关键工作、改变某些工作的逻辑关系等方式，进行纠正，以确保进度目标的实现。

10.2　工作内容

1. 项目前期决策阶段

（1）建立健全项目进度管理体系。

（2）确定项目进度管理目标，编制项目实施总进度计划。

（3）协调并督促决策阶段各专业咨询合同的执行，做好成果提交计划。

（4）组织实施立项审批和可行性研究批复。

2. 勘察设计阶段

（1）要求前期勘察单位、设计单位编制此阶段项目实施进度计划并监督其执行。

（2）督促前期勘察单位、设计单位履行合同，并按照约定进度提交勘察设计成果。

（3）组织方案设计、初步设计审查会议，督促审查意见及时进行修改。

3. 招标采购阶段

（1）招标采购方式选择及招标采购时间进度计划。

（2）督促招标采购合同的执行。

（3）按合同要求招标代理机构办理各项流程。

4. 工程施工阶段

施工阶段涉及的工期更长，而且对于组织、资源和管理的依赖性更强，不可预见的因素更多，施工管理难度更大。[13]

（1）审核工程项目综合阶段性施工进度控制计划，提出相关要求。

（2）落实施工条件，包括施工场地“三通一平”等条件。

（3）督促各参建单位提供报建相关资料。

（4）督促监理单位审查 EPC 总承包单位报送的施工组织设计、专项施工方案，督促监理单位核查施工开工条件。

（5）编制施工阶段进度控制报表和报告。

（6）督促参建各方合同职责履行，动态了解进展情况。

（7）参加工程监理例会、专题会议，分析施工进度情况，对需要处理的施工进度提出意见。

（8）跟踪审查各阶段施工进度执行情况，对实际进度与计划进度出现偏差及时提出处置意见。

（9）协调施工过程参建各方关系，协调与政府各有关部门、社会方的关系。

5. 竣工验收阶段

（1）组织竣工验收。

（2）办理工程移交、竣工结算、竣工备案、档案移交等工作。

（3）开展项目后评价。

10.3 工作要求

1. 进度管理体系建立

EPC 工程总承包项目应本着统筹管理思路，在项目前期策划中制定更为科学、合理的进度规划与管理措施以应对项目规模大、工期紧、风险高等问题。在项目建设实施时，应建立健全进度管理制度，明确进度管理程序，规定进度管理职责及工作要求，并开展工作分解结构，形成项目的 WBS 编码系统，作为进度分解结构和进度控制的基础，并制定保证措施。

2. 进度计划编制

应依据合同文件和相关要求、规划文件、资源条件、内部与外部约束条件等编制项目进度计划。编制进度计划时，应首先确定进度计划目标，再进行工作结构分解与工作活动定义，并需要确定工作之间的顺序关系等。

进度计划分为控制性进度计划及作业性进度计划。作业性进度计划应根据控制性进度计划编制。各类进度计划应包括编制说明、进度安排、资源需求计划、进度保证措施等内容。

3. 项目进度实施

在经济、技术、合同、管理信息等方面进度保证措施落实的前提下，使项目按照进度计划实施。预测项目进度实施各种干扰因素，对其风险程度进行分析，并采取预控措施，以保证实际进度与计划进度的吻合。

4. 项目进度监测

（1）跟踪检查。检查工程量的完成情况，工作时间的执行情况，工作顺序执行情况，资源使用及进度的匹配情况，前一次检查提出问题的整改情况等。

（2）数据采集。建立进度数据的采集系统，收集实际进度数据，进行数据处理（整理、统计和分析），将实际进度与计划进度进行比较。

（3）偏差分析。分析计划执行情况，对产生偏差的各种因素和原因进行分析。

5. 项目进度调整

（1）偏差程度分析。分析判断进度偏差对后续工作和总工期影响的程度，决定是否采取措施对原计划进行调整。

（2）动态调整。寻求进度调整的约束条件和可行方案。

（3）优化控制。通过实际情况的分析，组织各参建单位调整关键线路、调整非关键工作时差、增减工作量、调整逻辑关系、调整工作的持续时间、调整资源的投入等方法最终调整的目标是使进度、费用变化最小，能达到或接近进度计划的优化控制目标。

（4）建设单位应根据进度管理报告提供的信息，要求 EPC 总承包单位纠正进度计划执行中的偏差，对进度计划进行调整。

6. 组织编制进度管理报告

（1）进度执行情况的综合描述。

（2）实际进度与计划进度的对比资料。

（3）进度计划的实施问题及原因分析。

（4）进度执行情况对质量、投资和安全等的影响情况。

（5）采取的措施和对未来计划进度的预测。

10.4　工作流程

1. 进度计划审批流程

施工进度计划审批流程如图 1-10-1 所示。

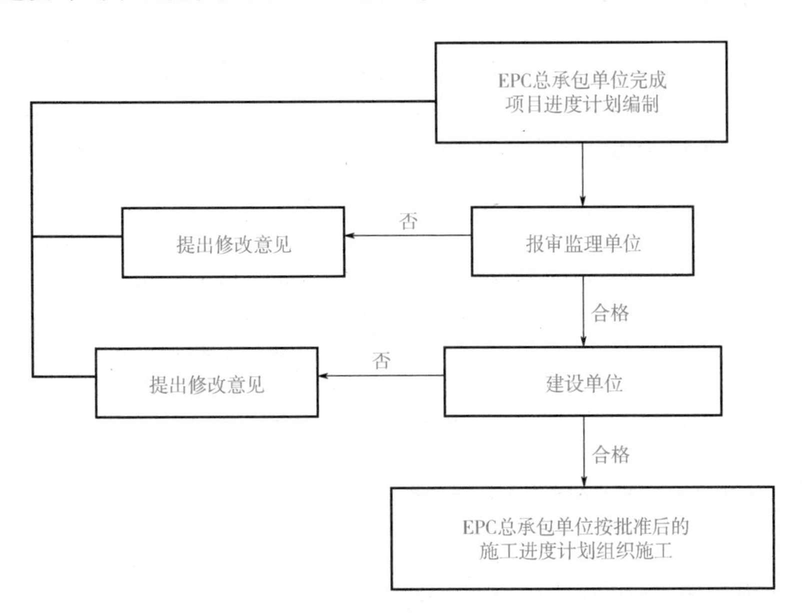

注：进度周、月、季、总计划均适用此流程

图 1-10-1　施工进度计划审批流程

2. 进度计划报审表

施工进度计划报审表见表 1-10-1。

表 1-10-1　施工进度计划报审表

工程名称：　　　　　　　　　　　　　　　　　　　　**编号：**

致：（项目监理机构）
根据工程总承包合同约定，我方已完成 工程总/季/月/周施工进度计划的编制和批准，请予以审查 附件：□总进度计划 □节点进度计划　（注：如报审总进度计划，则后 □月进度计划　面的季、月、周计划字体可删除） □周进度计划 工程总承包项目经理部（盖章） 项目经理（签字） 年　月　日
审查意见： 专业监理工程师（签字） 年　月　日
审核意见： 项目监理机构（盖章） 总监理工程师（签字） 年　月　日
审批意见： 建设单位（盖章） 建设单位代表（签字） 年　月　日

10.5　重点注意事项

（1）对涉及项目总体进度的里程碑节点进行重点管理，及时跟进工程进度计划与实际实施情况，如有偏差及时分析偏差原因并制定下一步纠偏措施。

（2）及时评估项目实施过程中采取的相关管理措施对进度管理是否有促进，如果不利于进度管理，应综合评估并进行调整。

（3）及时分析工程进度款的支付节点是否对施工进度控制有利，是否能提高承包人的工作积极性。

（4）充分重视使用单位的进度需求。使用单位提出的进度需求，应结合合同约定及工程实施实际情况，尽快确认实施。

第 11 章　质量管理

11.1　一般规定

（1）建设单位组织各参建单位针对整个建设项目、单项工程、单位工程、分部工程、分项工程制定出明确的质量目标。

（2）建设单位建立完善的内部质量管理体系和质量保证体系。明确质量管理部门及人员岗位职责、权限，建立包括各参建单位在内的项目质量管理制度。

（3）项目质量控制应依据建设工程相关的法律、法规、管理标准和技术标准，施工质量验收标准和验收规范。

（4）建设单位应根据总体规划，组织 EPC 总承包单位对各阶段影响质量的因素进行有效控制，督促监理单位对各阶段影响质量的因素进行有效管理，避免质量问题影响项目的总体进展。

11.2　工作内容

EPC 工程总承包项目的持续开展需要依托于设计、采购与施工的高度协同。[14]就目前发展情况而言，各个部门之间的互通性较弱，在项目前期策划阶段未制定事前预防方案，各项工作的不平行开展都将对工程质量产生显著的负面影响。[15]

1. 项目前期决策阶段，建设单位的质量管理工作内容

（1）组织编制《工程质量管理规划》，规划中应构建项目质量管理体系，明确质量管理目标。

（2）审核涉及立项、审批、备案等要求的所有文件，确保文件质量获得有关部门审查通过。审核项目建议书、项目可行性研究报告、环境影响评价报告、节能评估报告等专业咨询服务成果，协助完成审批工作。

2. 勘察设计阶段，建设单位的质量管理工作内容

（1）督促勘察、前期设计单位履行合同，按合同约定要求提交成果报告。

（2）督促设计单位根据评审意见优化设计方案。

（3）进行设计跟踪检查，控制各阶段设计图质量。

（4）组织初步设计审查会，确保初步设计满足规划、环保、交通、人防、地灾、抗震等规定要求。

（5）组织初步设计图审查，督促前期设计单位根据审查意见及时修改，确保初步设计符合功能和强制性标准条款要求，满足项目后续工作要求等。

3. 招标采购阶段，建设单位的质量管理工作内容

（1）审核招标采购文件及合同文本质量。

（2）对合同中关于工程质量的条款进行明确和细化。

（3）明确项目质量创优目标。

4. 项目实施阶段，建设单位的质量管理工作内容

（1）按合同约定要求参建单位实施图纸会审和设计交底，组织召开第一次工地会议。

（2）根据合同的项目质量创优目标，要求参建各方特别是 EPC 总承包单位提出实施性创优计划。

（3）检查项目监理机构和人员组织情况，审批项目监理机构报送的监理规划。

（4）督促监理机构履行监理合同约定的质量管理职责。

（5）参加工程监理例会、专题会议，对需要建设单位处理的工程质量问题及时进行处理。

（6）督促监理机构严格控制进场原料、构配件和设备等质量，检查施工质量，参加阶段性成果（分部工程、隐蔽工程）的检查验收。

（7）组织工程质量事故的调查和处理。

5. 竣工验收阶段，建设单位的质量管理工作内容

（1）参加工程项目竣工预验收。

（2）组织工程竣工验收。

（3）组织办理工程移交。

（4）组织处理保修期事宜。

11.3 工作要求

（1）建设单位对项目质量管理应坚持预防为主的原则，按照策划、实施、检查、处置的循环方式进行系统管理。

（2）建设单位应充分发挥 EPC 设计施工协同效应，引导 EPC 总承包单位通过对人员、机具、材料、方法、环境要素的全过程管理，确保工程质量满足质量标准和相关方要求。合同明确有创优目标的，应要求 EPC 总承包单位编制创优计划，跟踪监督参建各方在各阶段创优目标的完成情况。

（3）施工过程的质量控制贯穿于施工的全过程，从工程开工到竣工验收，均应做好事前控制、事中控制和事后控制。

1）事前质量控制：在正式施工前的质量控制，其控制重点是做好施工准备工作。应编制施工质量计划，明确质量目标，编制施工方案，制定质量管理制度，落实质量责任，分析可能影响质量的各种因素，针对这些因素制定有效的预防控制措施。

2）事中质量控制：在施工过程中，对质量活动过程和结果的监督检查，全面掌握影响施工质量的各种因素，并进行有效的动态控制，控制的重点是工序质量、工作质量以及质量控制点的控制。

3）事后质量控制：对完成施工过程形成产品的质量控制。保证不合格的工序不流入下一道工序。事后控制是对质量活动结果的评价、认定和对质量偏差的纠正。控制的重点是发现质量方面的缺陷，并通过分析提出施工质量改进的措施。

（4）质量计划。建设单位应组织编制项目质量管理计划，项目质量管理计划包括的内容：

1）编制依据。

2）项目概述。

3）质量目标。

4）组织机构。

5）质量控制及管理组织协调的系统描述。

6）必要的质量控制手段，施工过程、服务、检验和试验程序及与其相关的支持性文件。

7）确定关键过程和特殊过程及作业指导书。

8）与施工阶段相适应的检验、试验、测量、验证要求。

9）更改和完善质量计划的程序。

（5）质量控制。质量控制主要控制过程的输入，设置质量控制点，按质量控制点实施质量控制。建设单位应在质量控制过程中，及时跟踪、收集、整理重要的实际数据，与质量要求进行比较，分析偏差，要求各参建单位采取措施予以纠正和处置，并对处置效果复查。

（6）质量检验与监测，并按照规定配备检验和监测设备。建设单位应建立有关纠正和预防措施管理制度，对不合格品的情况进行控制。

（7）质量改进。建设单位应对发现的质量问题，通过分析产生的原因提出质量改进措施，保证质量处于受控状态。

11.4　工作流程

质量管理相关流程如图 1-11-1～图 1-11-7 所示。

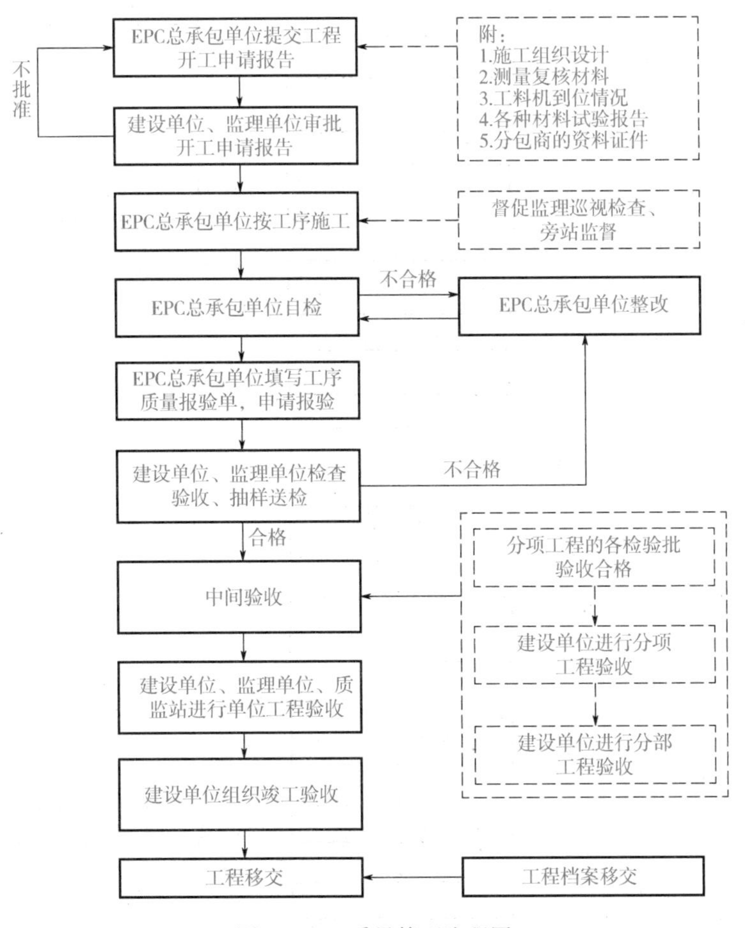

图 1-11-1　质量管理流程图

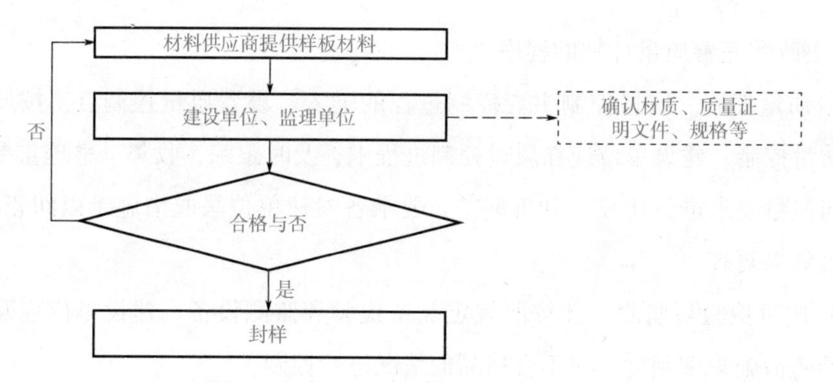

图 1-11-2　材料送检流程图

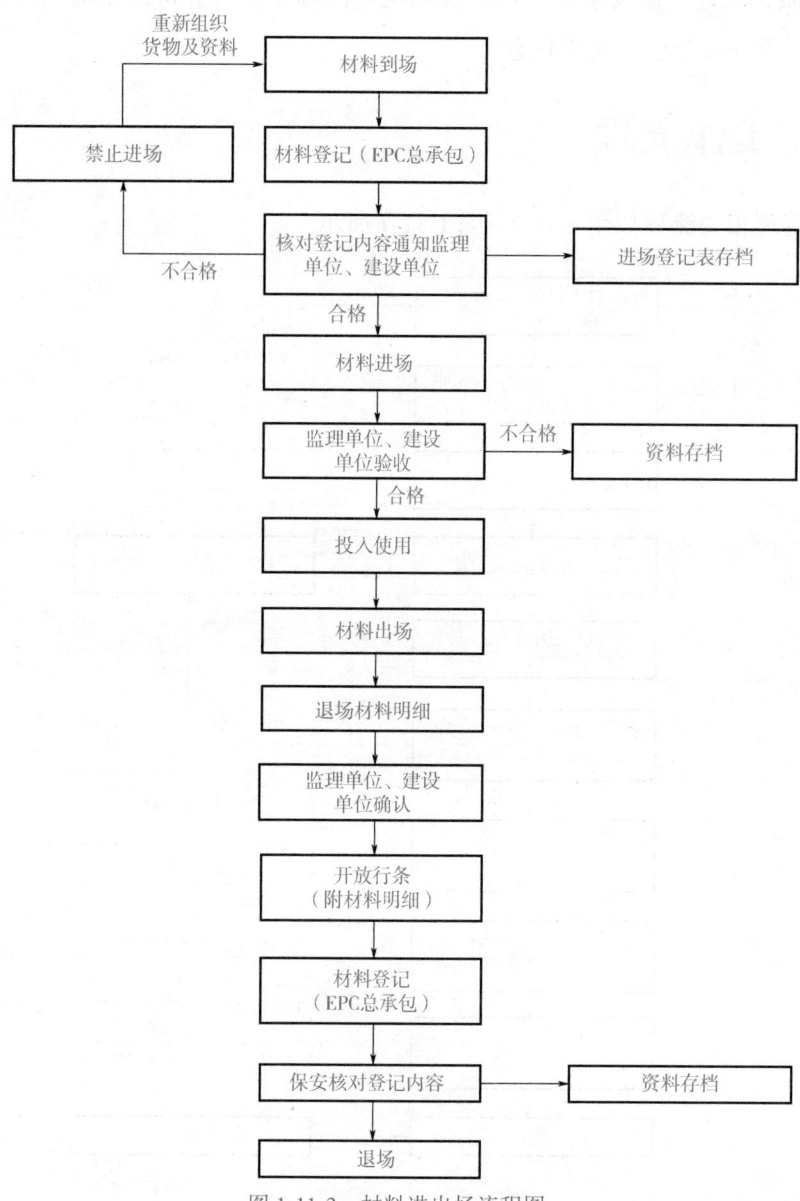

图 1-11-3　材料进出场流程图

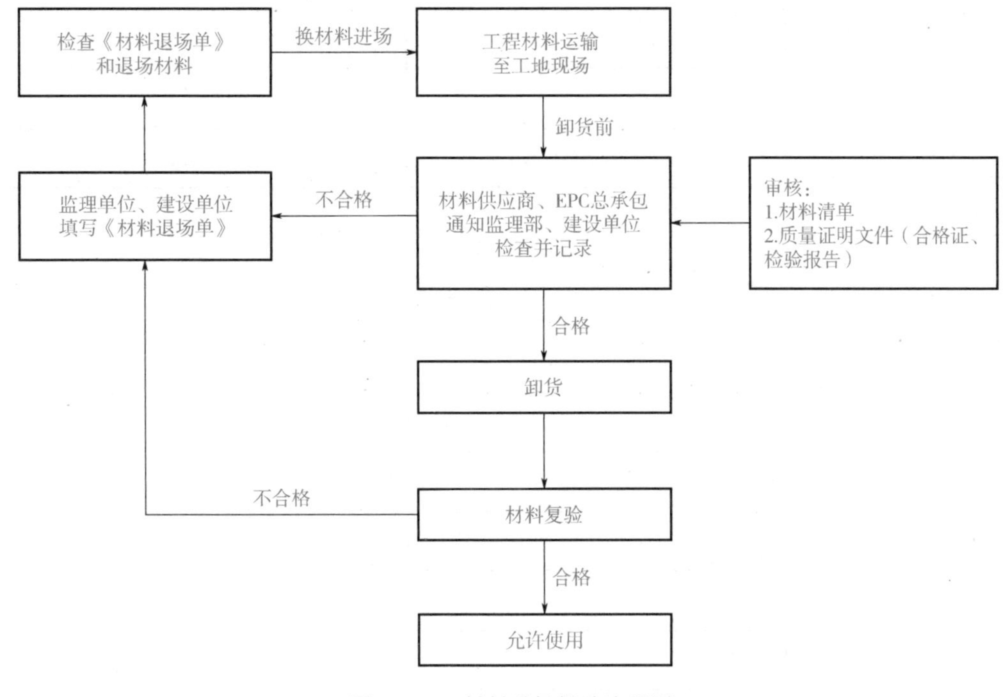

图 1-11-4　材料进场报验流程图

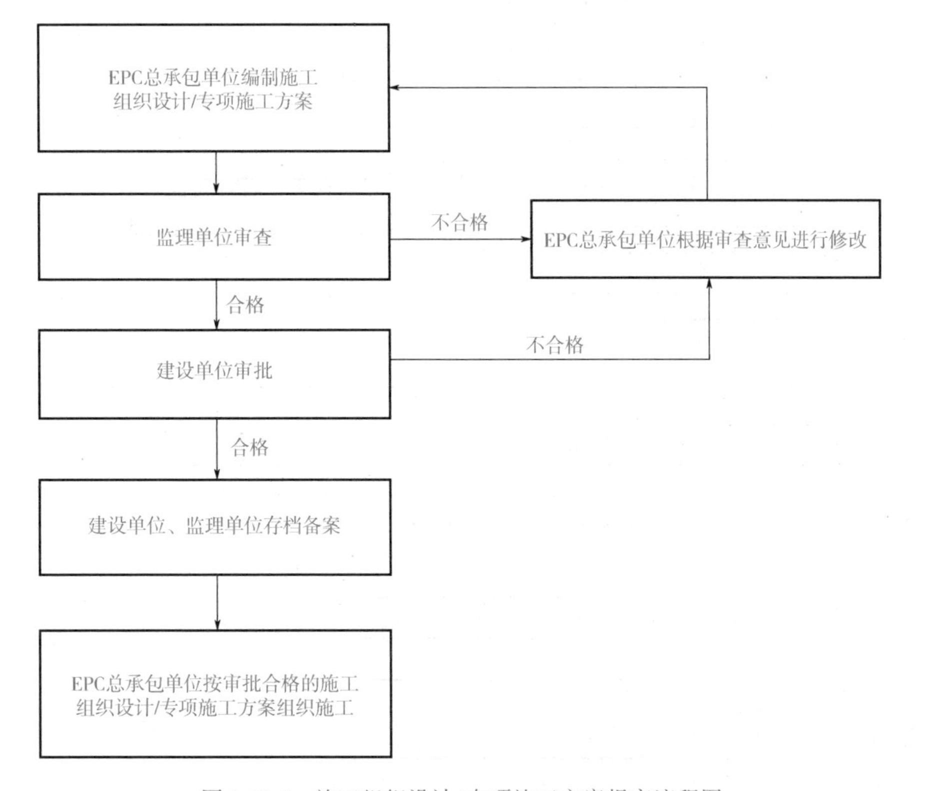

图 1-11-5　施工组织设计/专项施工方案报审流程图

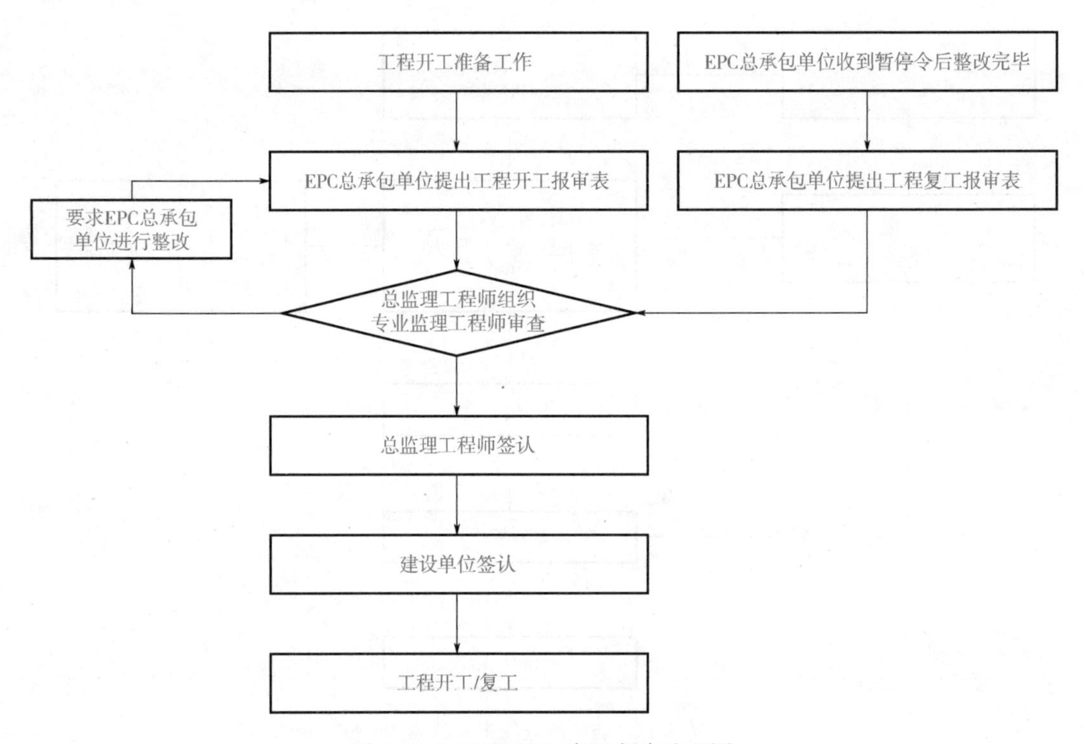

图 1-11-6　工程开工/复工报审流程图

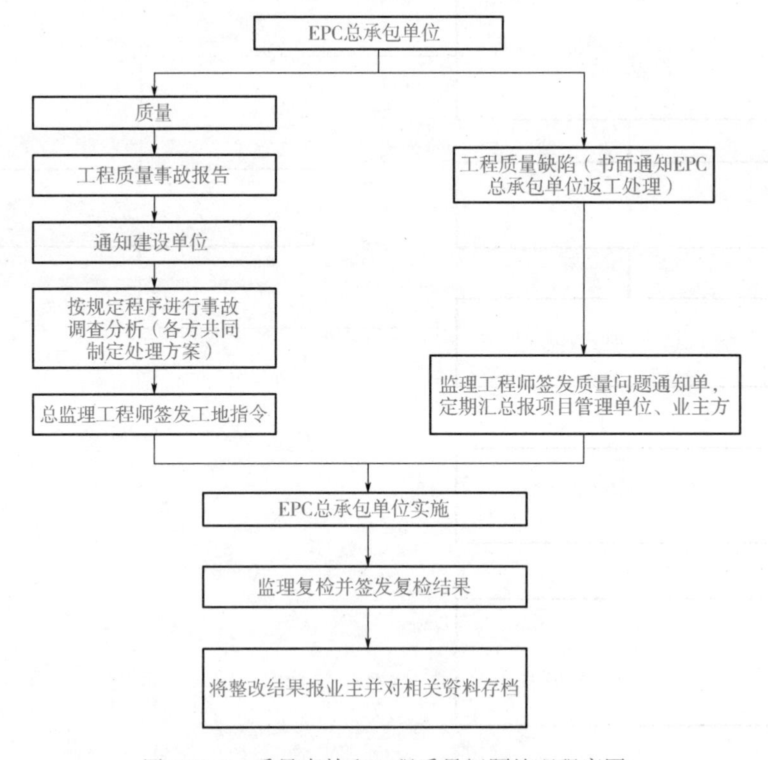

图 1-11-7　质量事故和工程质量问题处理程序图

11.5　重点注意事项

（1）建设单位要落实五方责任主体的规定责任："建设单位项目负责人对工程质量承担全面责任，不得违法发包、支解发包，不得以任何理由要求勘察、设计、施工、监理单位违反法律法规和工程建设标准，降低工程质量，其违法违规或不当行为造成工程质量事故或质量问题应当承担责任"，并监督其他四方责任主体落实规定的责任。

（2）要有全面质量管理理念同时引入现代质量管理制度，从制度上保证全面质量管理的真正落实，并且使得项目的每位参与人员积极和乐于参与项目的质量管理，做到真正的人性化管理。

（3）充分重视使用单位提出的需求。使用单位提出的需求，如果不涉及使用功能的提高、不超出图纸范围、不涉及工程费用的增加，如预留预埋、空间位置调整等可以尽快确认实施，但如果涉及工程费用增加、超出图纸范围，则需慎重。

（4）与使用单位建立良好沟通机制，协调使用单位提出更符合实际的质量需求，避免重复建设造成资源浪费、项目延期等问题。

（5）对于合同中评奖（如鲁班奖等）的相关条款进行细化，特别对于违约金的约定进行明确。

（6）认真学习《中国建设工程鲁班奖（国家优质工程）评选办法（2021 年修订）》，充分理解该办法规定的各项内容。

（7）工程实施过程中注重各项技术指标符合工程建设标准强制性条文，且均符合或严于国家行业或项目所在地相关标准、规范、规程。

（8）积极推进科技进步与创新。积极采用新技术、新工艺、新材料、新设备，其中有一项国内领先水平的创新技术或采用不少于 7 项"建筑业 10 项新技术"，及时总结工作经验，积极申报相关省（部）级及以上工法，发明专利、实用新型专利等。

（9）工程实施过程中坚持"四节能一环保"，推进绿色建筑、智能建筑相关工作。

（10）积极申报工程相应的结构质量最高奖。

（11）建设单位组织参建单位在工程实施过程中加强涉及评奖相关工作的自查，发现问题及时完成整改闭合，各标段加强评奖事宜交流沟通工作。

（12）工程实施过程中注重工程资料归档工作，做到编目规范、内容齐全、真实有效、具有可追溯性。

第12章 安全管理

12.1 一般规定

(1) 建设单位应明确要求各责任主体单位对项目的质量承担安全责任，检查各施工单位建立安全生产管理制度，坚持以人为本、预防为主，确保项目处于安全状态。

(2) 要求各参建单位根据法规及合同要求确定安全生产，提出管理方针和目标、安全生产责任制度、健全职业健康安全管理体系、改善安全生产条件、实施安全生产标准化建设。

(3) 要求各参建单位设立专门的安全生产管理机构，配备合格的项目安全管理负责人和管理人员，进行教育培训并持证上岗。

(4) 督促监理单位检查施工单位安全生产责任制的落实情况，督促EPC总承包单位采用培训、学习、会议、座谈、交流、检查等方式落实安全生产责任。

(5) 通过聘请第三方安全咨询单位进行安全专项巡视检查，及时发现现场存在的安全隐患或问题，要求责任单位及时整改闭环。

(6) 按规定组织安全专项施工方案的编制、审核，并落实建设单位相关责任，监督专项方案落实。

12.2 工作内容

1. 项目前期决策阶段的安全管理工作内容

(1) 建设单位应要求各参建单位对项目进行安全预评价，评价内容包括危险、有害因素识别，危险度评价和安全对策措施及建议等。

（2）建设单位应了解掌握可行性研究及安全预测评价等报告中的安全措施及建议。

2. 勘察设计阶段的安全管理工作内容

（1）建设单位应要求设计单位将可行性研究报告及安全预测评价等报告中提出的安全措施、安全设施及建议，在初步设计中加以体现，并编写安全设计专篇加以说明。

（2）建设单位应要求设计单位对施工图设计中，建筑、结构、设备等专业设计进行安全评价及建议，核查设计图是否符合国家有关安全标准、规范的规定，确保工程项目设计安全。

（3）建设单位应要求勘察单位履行合同，严格按照相关标准及规定开展勘察工作，满足勘察深度要求，避免勘察深度不足导致的安全隐患。

3. 招标采购阶段安全管理工作内容

（1）检查招标采购文件及合同安全相关规定。

（2）明确提出安全责任和相关违约条款。

4. 工程施工阶段的安全管理工作内容

（1）建设单位应要求项目监理机构审查施工承包单位制定的毗邻建筑物、构筑物和地下管线等专项保护措施。

（2）建设单位应要求项目监理机构检查施工承包单位建立健全施工安全生产管理体系和安全生产责任制度、安全检查制度和事故报告制度。

（3）建设单位应要求项目监理机构审查和跟踪施工承包单位编制的安全专项施工方案、安全技术措施和安全事故应急预案等实施情况。

（4）建设单位应要求EPC总承包单位做好扬尘治理工作，在保证质量、安全等基本要求的前提下，通过科学管理和技术，最大限度地节约资源与减少对环境负面影响的施工活动，实现“四节一环保”（节能、节地、节水、节材和环境保护）。

（5）建设单位应核查EPC总承包单位安全生产许可证、关键岗位人员及特殊工种人员持证上岗情况。

（6）建设单位应参加施工现场安全检查及安全专题会议，对相关的问题及时处理。

（7）建设单位应做好消防工作，成立专门的消防工作小组，督促EPC总承包单位做好消防安全专项施工方案并报监理审核后向建设单位报备。

（8）建设单位应参与安全事故的调查与处理；发生安全事故时，在事故应急响应的同时，应按规定逐级上报，要求及时成立事故调查组对事故进行分析，查清事故发生原因和责任，并进行全员安全教育，采取必要措施防止事故再次发生。

（9）建设单位应要求各参建单位做好安全管理工作日志，注意安全资料收集和保存。

5. 竣工验收阶段的安全管理工作内容

（1）组织竣工验收。

（2）对各参建单位的安全生产状况进行评价、考核和奖惩。

12.3 工作要求

1. 落实建设单位自身安全生产职责

根据相关法规落实自身安全生产责任，包括但不限于：《中华人民共和国安全生产法》《中华人民共和国特种设备安全法》《建设工程安全生产管理条例》（国务院令第 393 号）、《建设工程质量管理条例》（国务院令第 279 号）、《安全生产事故报告和调查处理条例》（国务院令第 493 号）、《危险性较大的分部分项工程安全管理规定》（住建部令第 37 号）、《建筑起重机械安全监督管理规定》（建设部令第 166 号）、《实施工程建设强制性标准监督规定》（建设部令第 81 号）、《建筑工程五方责任主体项目负责人质量终身责任追究暂行办法》等，建设单位安全责任主要集中体现在提供真实资料、危大工程清单、必要资金及委托第三方监测的程序方面。

关于建设、施工、监理三方在建设过程中的、与现场管理直接有关的规定必须非常明确、具体。《中华人民共和国建筑法》第五章“建筑安全生产管理”中规定了作为建筑行为主体的施工单位应履行的责任和义务，以及具体施工管理人员、作业人员的职责。针对建设单位的规定有两条，第四十条规定：“建设单位应当向建筑施工企业提供与施工现场相关的地下管线资料。”第四十九条规定：“涉及建筑主体和承重结构变动的装修工程，建设单位应当在施工前委托原设计单位或者具有相应资质条件的设计单位提出设计方案。”可以看出，建设单位对具体施工行为的安全不承担责任，而针对监理的安全生产管理责任未作规定。

针对《建设工程质量管理条例》（以下简称“《质量管理条例》”）第二章“建设单位的质量责任和义务”中提到建设单位应当按照国家有关规定办理工程质量监督手续，应当保证建筑材料、建筑构配件和设备符合设计文件和合同要求；不得明示或者暗示施工单位使用不合格的建筑材料、建筑构配件和设备；不得擅自变动建筑主体和承重结构，涉及变动应委托设计单位提出设计方案。

在《建设工程安全生产管理条例》中规定，工程监理单位应当审查施工组织设计中的安全技术措施或者专项施工方案是否符合工程建设强制性标准；在实施监理过程中，发现存在安全事故隐患的，应当要求施工单位整改；情况严重的，应当要求施工单位暂时停止施工，并及时报告建设单位。工程监理单位和监理工程师应当按照法律、法规和工程建设强制性标准实施监理，并对建设工程安全生产承担监理责任。

在《危险性较大的分部分项工程安全管理规定》（住建部令第 37 号）中规定，建设单位应当依法提供真实、准确、完整的工程地质、水文地质和工程周边环境等资料。建设单位应当组织勘察、设计等单位在施工招标文件中列出危大工程清单，要求施工单位在投标时补充完善危大工程清单并明确相应的安全管理措施。建设单位应当按照施工合同约定及时支付危大工程施工技术措施费以及相应的安全防护文明施工措施费，保障危大工程施工安全。建设单位在申请办理安全监督手续时，应当提交危大工程清单及其安全管理措施等资料。

2. 督促施工单位建立安全保证体系

要求监理单位对 EPC 总承包单位的安全保障体系编制工作提出要求，对编制的范围、时间、人员、深度等提出明确要求。EPC 总承包单位的安全保障体系编制完成后，由监理单位进行审核批准后实施，同时报送建设单位备案。

3. 监督 EPC 总承包单位安全保证体系的执行

要求各参建单位按照项目确定安全目标。目标包括计划过程（目标责任分解、危险源辨识、风险预测）；实施过程（安全设施、措施实施、安全教育、安全交底等）；控制过程（检查、监督、纠正、预防）及总结管理流程。督促 EPC 总承包单位根据安全目标建立安全生产档案，由监理单位检查档案的建立、执行等情况，检查安全生产管理资料留存工作，利用信息技术分析有关数据，辅助安全生产管理。

通过监理单位或第三方安全咨询单位定期或者不定期对施工现场进行安全检查，根据总控计划、施工组织设计等资料，对重要分部分项工程、重点工序、风险较大部分进行安全专项检查。

督促监理单位通过现场检查及会议的方式，对 EPC 总承包单位的安全保障体系执行情况进行跟踪评价，对安全生产状况进行评估，评估结果及时备案。

4. 要求各参建单位编制项目各阶段安全管理计划，在实施过程中，根据实际情况进行补充和调整，建设单位的主要要求有：

（1）制定项目职业健康安全管理目标。

（2）合同明确有安全创优目标的，应编制各阶段创优计划，要求参建各方特别是发包人、EPC 总承包单位提交创优计划，并跟踪监督他们在各阶段创优完成情况。

（3）建立项目安全管理组织机构并明确职责。

（4）根据项目特点进行职业健康安全方面的资源配置。

（5）制定安全生产管理制度和职工安全教育培训制度。

（6）确定项目重要危险源，针对高处坠落、机械伤害、物体打击、坍塌倒塌、火灾爆炸、触电、中毒窒息等建筑施工易发事故制定相应的安全技术措施；对达到一定规模的危险性较大的分部（分项）工程的作业制定专项安全技术措施。

（7）制定季节性施工的安全措施。

（8）建立现场安全检查制度，对安全事故的处理做出规定。

5. 做好应急管理及事故处理工作

结合项目特点识别可能的紧急情况和突发过程的风险因素，编制项目应急准备与响应预案。应急准备与响应预案应包括：应急目标和部门职责、风险因素及评价、应急响应程序和措施、应急准备与响应能力测试、需要准备的相关资源。组织各参建单位对应急预案进行专项演练，对其有效性和可操作性实施评价并修改完善。如遇安全事故，按照预案程序响应处理，采取措施进行抢险救援，防止发生二次伤害，按规定上报上级和地方主管部门，按照“四不放过”原则进行调查处理，及时收集相关过程资料，归纳总结经验教训，编制安全事故总结报告，组织全体参建单位进行全员安全教育，采取必要措施防止事故再次发生。

12.4 工作流程

建设单位安全工作管理流程如图 1-12-1～图 1-12-3 所示。

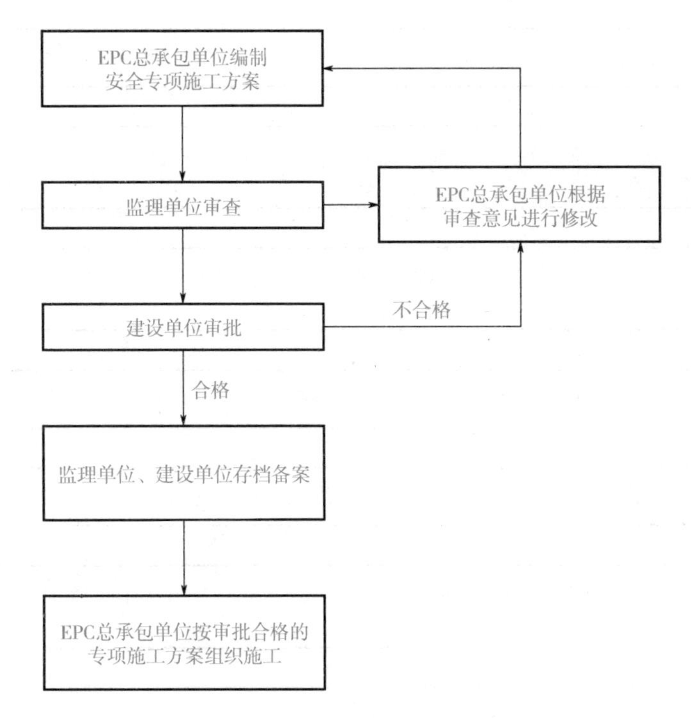

图 1-12-1　安全施工方案审核流程图

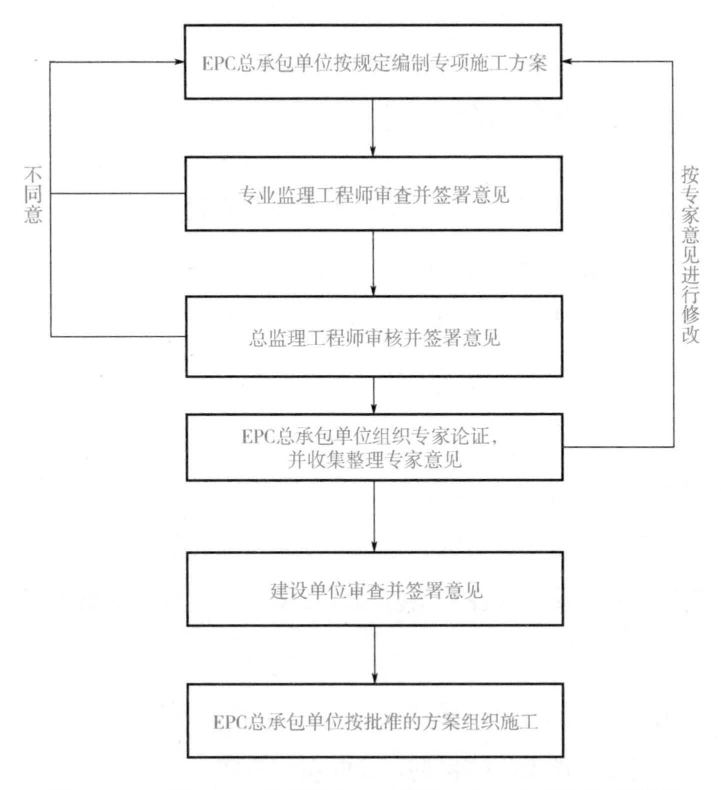

图 1-12-2　超过一定规模的危大工程安全施工方案审核流程图

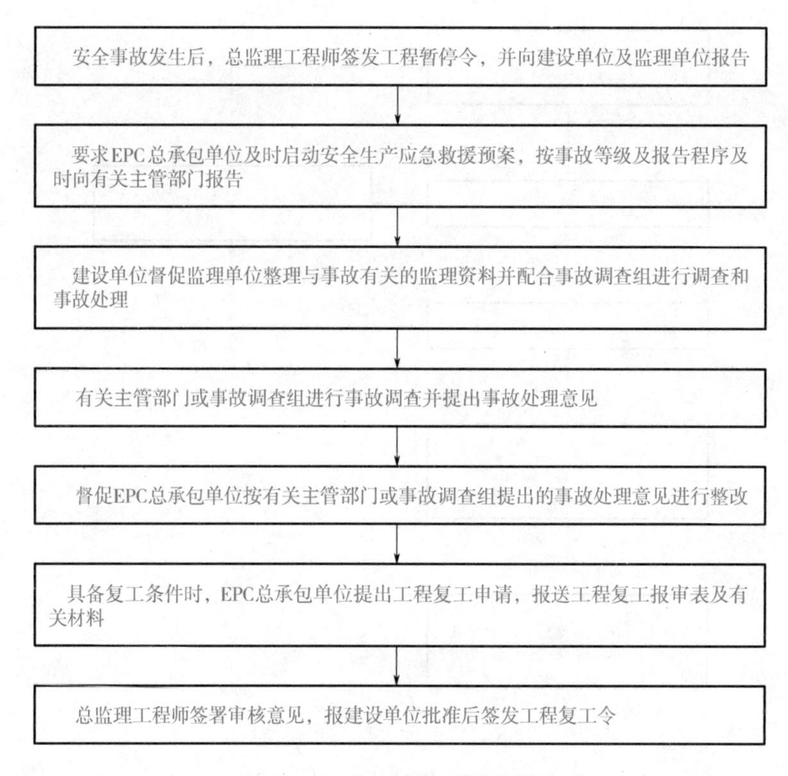

图 1-12-3　安全事故处理流程图

12.5　重点注意事项

（1）建设单位对于安全管理的考核标准统一、奖罚尺度统一、管理制度统一，并注重执行管理标准、管理制度的持续性。

（2）组织现场检查，及时发现安全生产隐患、惩治现场违章行为、主导安全生产的趋势、倡导良好的安全生产习惯、建立和谐的安全生产氛围，从而推动安全生产工作的持续、稳定的开展。

（3）在项目实施过程中，要密切关注阶段性的安全特点，组织各参建单位进行针对性的教育，从思想、措施、制度、检查等方面加强防范，防止阶段性转换过程中安全管理的脱节和顾此失彼，要在突出阶段性安全管理重点的基础上进行全面的安全管理。[16]

（4）可以聘请第三方安全咨询机构，对项目实施过程中的安全工作进行专业检查，及时提供完善安全管理工作的咨询建议并组织落实。

（5）要注重安全管理的全面性。安全管理工作的性质决定了安全生产的综合性，既要做思想工作，也要做检查工作，针对不同人群、不同设备、不同天气状况、不同工种要有不同的管理。这就要求各参建单位安全管理人员不仅要有较为全面的综合知识和专业管理水平，细心把握安全生产规律，还要具备较强的执行力、协调能力和沟通能力，使安全管理理念、目标、制度、措施等得到不断的展现和深入。

（6）对于安全管理的各项红线要求要严格落实，同时，建设单位需要采取多项措施综合平衡安全与投资、环保、审计、进度等工作的关系。

第13章 绿色建筑管理

13.1 一般规定

（1）建设单位应以单栋建筑或建筑群为评价对象。绿色建筑应落实并满足城市总体规划及相关专项规划提出的绿色发展要求；涉及系统性、整体性的指标，应基于建筑所属工程项目的总体进行评价。

（2）2021年1月1日起，新建民用建筑应当按照《绿色建筑评价标准》（GB/T 50378—2019）进行绿色建筑评价。

（3）建设单位应对工程项目按照绿色建筑三星级标准进行全生命周期技术和经济分析，选用适宜技术、设备和材料，对规划、设计、施工、运行阶段进行全过程控制，并要求EPC总承包单位提交相应分析、测试报告和相关文件。

（4）建设单位应对EPC总承包单位提交的分析、测试报告和相关文件进行审查。

（5）建设单位应建立绿色建筑管理相关制度文件，要求承包人健全绿色建筑管理体系和组织机构，并落实各级责任。

13.2 工作内容

绿色建筑管理在项目各阶段主要内容为：

1. 项目规划及方案阶段

项目规划及方案阶段包括绿色建筑认定标准和认定方法的相关工作咨询与整体策划。认证海绵城市设计咨询、装配式建筑设计咨询等。

2. 前期设计阶段

绿色建筑设计是一种注重环境可持续性和资源效率的建筑设计方法。绿色建筑设计的目标是实现建筑与环境的和谐共生，减少对自然资源的消耗，降低对环境的负面影响，提高人们的生活质量。

按照注重以人为本、最大限度降低能耗、合理利用资源、降低环境负荷等原则，建筑师开展前期设计，在设计中应充分预见到建筑可能根据用户的不同要求而改造，采取适应性改变、灵活性设计等策略，在初步设计阶段提高建筑的使用寿命和使用效益，以减少对环境的负面影响，提高建筑的能源效率，降低能源消耗和碳排放，同时提供健康舒适的室内环境。

绿色建筑设计的关键原则包括以下几个方面：

（1）能源效率。通过采用高效的建筑外墙、窗户和屋顶设计，以及使用节能设备和技术，减少能源消耗。

（2）水资源管理。通过收集和利用雨水、使用节水设备和技术，最大限度地减少对水资源的需求。

（3）材料选择。选择环保、可再生和可回收的建筑材料，减少对有限资源的消耗，并降低建筑材料的环境影响。

（4）室内环境质量。提供良好的室内空气质量，通过使用低挥发性有机化合物（VOC）的涂料、地板和家具，以及增加自然采光和通风，提高室内环境的舒适性和健康性。

（5）废物管理。设计建筑物应最大限度地减少废物产生，并通过回收和再利用废物，减少对垃圾填埋场的负荷。

（6）可再生能源。利用太阳能、风能和其他可再生能源，为建筑提供清洁能源。

3. 实施阶段

根据发包人要求及现场施工实际情况，建设单位可以引导承包人发挥设计施工融合优势，在绿色建筑相关实体的设计施工中选择环保性和经济性平衡的建筑材料，并建立整体建筑系统投资优化的体系，从设计、建造、运输、进场验收、使用及运行整个阶段综合考虑其经济效益，组织 EPC 总承包单位落实相关优化工作包括但不限于：BIM 与管廊优化、节地与车位优化、节能与幕墙优化、节能与空调优化、节材与结构优化等。

4. 验收阶段

组织参建单位落实绿色建筑评价标识报告、性能效果分析报告、过程验收资料等各项准备工作，按照绿色三星标准组织验收及材料归档工作。

13.3　工作要求

1. 确定绿色建筑的管理需求

（1）建设单位明确绿色建筑施工管理的责任人及相关管理人员。

（2）建设单位收集绿色建筑的国家规范、行业标准、建设单位需求及类似项目经验等资料。

（3）对建设项目的绿色建筑施工管理提出标准和计划，管理范围，管理标准，管理措施，奖惩办法及实施计划。

（4）建设单位组织各参建单位针对绿色建筑施工管理召开专题会议，确定本项目的绿色建筑管理需求。

2. EPC 总承包单位绿色建筑施工管理措施

（1）EPC 总承包单位按照建设单位的绿色建筑施工管理需求，编制绿色建筑施工管理措施。

（2）建设单位督促监理单位，对 EPC 总承包单位编制的绿色建筑施工管理措施进行审批，监理单位审批合格后执行。

（3）EPC 总承包单位编制的绿色建筑施工管理措施，报建设单位备案。

3. 督促 EPC 总承包单位绿色建筑施工管理措施的实施

（1）督促 EPC 总承包单位组织绿色建筑施工管理措施实施的培训，检查培训记录。

（2）提高 EPC 总承包单位的管理水平和施工人员的素质，改善对传统的施工技术和施工工艺过于依赖，增加各种新技术和新材料在实际施工中的应用。

（3）加强施工现场节能和环保的管理

重视节能环保理念在施工现场的贯彻，不仅要选择节能型的施工机械设备，同时还要对施工过程中资源的消耗进行有效控制，尽可能少使用或不使用资源消耗大的机械设备。

（4）减少损耗

在施工过程中，要有效地提高施工过程中各项资源的利用效率，强化对资源和能源的管控，全面提高资源和能源的利用率，避免浪费现象发生。

4. 环保标识

（1）建设单位与 EPC 总承包单位协商设计本项目的环保标识。

（2）对于具有绿色环保要求的新材料，在相关纸质资料上加盖环保标识，堆放地点设置环保标识。

（3）对于具有绿色环保要求的工艺、工序，在相关纸质资料上加盖环保标识，强化实施过程中环保意识。

5. 做好环境保护及文明施工管理

（1）建设单位收集环境保护及文明施工的国家相关法规、行业规范、项目现场条件、建设单位的环境保护及文明施工措施等数据。

（2）建设单位组织环境保护及安全文明施工的专项会议，对 EPC 总承包单位提出环境保护及文明施工措施编制的要求。

（3）建设单位制定环境保护及文明施工措施的评审标准，组织召开专项工作评审会，对 EPC 总承包单位上报的环境保护及文明施工措施进行评审。督促 EPC 总承包单位按照评审意见调整环境保护及文明施工管理措施。

13.4　重点注意事项

在建筑施工过程中，要根据具体施工情况设计构建绿色管理体制，在实践中对管理体制进行完善，并对绿色施工的目标和管理制度做出科学的制定，这样，在绿色施工体系支持下的建筑工程才能有效地进行。[17]

（1）政府投资的 EPC 项目绿色建筑目标均为绿色建筑三星级，从招标、签订合同阶段需要明确 EPC 总承包单位具体工作标准及考核制度。

（2）监督 EPC 总承包单位按照合同中关于绿色建筑三星级相关要求，落实对应的设计工作及材料设备的选型确认工作。

（3）对于绿色建筑三星级标准的材料设备，参建各方应从设计、驻场监造、运输中保护、进场报验、施工过程质量控制及验收等各个环节严格履职，严把质量关，确保绿色建筑三星级目标的实现。

（4）定期检查承包人执行绿色建筑三星级的情况，如有偏离及时整改。

（5）参建各方结合本项目绿色建筑三星级的项目特点，积极开展相关的技术课题研究，及时总结工作经验，力争为后续建设中的绿色建筑相关工作提供借鉴，并引领政府投资公建项目绿色建筑工作的实施。

第 14 章　BIM 管理

14.1　一般规定

（1）建设单位 BIM 工作团队主要负责开展及执行项目 BIM 管理工作，基于工程项目全生命周期，运用建运一体集成化管理模式，将项目策划决策阶段、设计阶段、建设实施阶段等在管理目标、管理组织和管理手段等方面进行有机集成。

（2）利用 BIM 技术在工程建设全过程管理中以完备的管理手段落实复杂技术，提高建设工程的集成化程度，让建设工程参与方的各方都能够共享信息，真正将 BIM 的应用效果在建筑的全生命周期内发挥到最大。

（3）要求各参建单位（EPC 总承包单位、监理单位等）做到：通过 BIM 技术提供重点部位、关键区域的可视化设计方案比选、优化等工作；进行施工图的 BIM 模型搭建，检查设计的错漏碰缺等问题；指导项目相关参与方基于 BIM 技术开展协同办公；与各专业建立设计协同，多系统综合与协调；搭建 BIM 协同管理平台；调整工程变更的模型；建立完善的竣工模型等。

14.2　工作内容

1. 决策阶段

在决策阶段 BIM 主要应用是场地选址、项目建议书、可行性研究、立项等。在此阶段，建设单位 BIM 工作团队组织专业力量，结合整体 BIM 需求将项目初期资料相关信息整合至初期的建筑信息模型文件中，为后续设计以及审批提供符合规定的数据基础。同时，组织运用 BIM 技术验证项目可行性研究报告提出的各项指标，有利于进一步推敲、优化方案，搭建方案设计阶段建筑信息模型，为初步设计阶段的 BIM 相关工作提供数据基础。

2. 招标阶段

在项目招标阶段，利用 BIM 技术直观可视特点，从总体评价、深化设计、施工模拟、成本管理、专项方案等方面，动态模拟施工技术，使投标企业技术方案的优缺点一目了然，进而选择技术方案成熟的企业。

3. 实施阶段

要求 EPC 设计单位搭建专业 BIM 模型，基于 BIM 模型进行专业分析和价值工程论证，在建筑信息模型的基础上，组织专家会议。优化设计成果，进行特殊设计方案的专项论证，提高项目设计方案质量水平。

要求 EPC 施工单位通过基于 BIM 的信息化平台整合相应资源，实现实施阶段资源的有效配置，数字化进度管理、质量管理、成本管理、变更管理以及控制，进一步提高项目建设管理的智能化水平和精细水平。

4. 项目竣工阶段

通过完整的、有效支撑的、可视化竣工 BIM 模型与现场实际建成的建筑进行对比，可帮助建设单位以及相关参与验收方极大地提高竣工验收阶段的工作质量以及效率。

14.3 工作要求

14.3.1 模型创建管理要求

1. EPC 设计单位的 BIM 模型管理

BIM 模型的创建、命名和编码应符合《建筑信息模型应用统一标准》（GB/T 51212—2016）、《建筑信息模型施工应用标准》（GB/T 51235—2017）、《建筑信息模型分类和编码标准》（GB/T 51269—2017）、《建筑工程设计信息模型制图标准》（JGJ/T 448—2018）、相关地方标准及项目设计 BIM 标准的规定。设计和施工模型的命名和编码扩展原则应保持一致。

设计 BIM 模型的创建应划分为方案设计模型、初步设计模型和施工图设计模型三个阶段，EPC 设计单位应注意与前期设计单位关于 BIM 模型的衔接。设计 BIM 模型应从创建、拆分、参数信息等多方面，综合考虑 BIM 模型从设计阶段向施工阶段传递和深入应用的需要，以实现工程项目从设计到施工的 BIM 全过程应用。发挥监理单位作用，让监理单位做好设计阶段各专业 BIM 模型的审核工作。

2. EPC 施工单位的 BIM 模型管理

BIM 模型的创建、命名和编码应符合《建筑信息模型应用统一标准》（GB/T 51212—2016）、《建筑信息模型分类和编码标准》（GB/T 51269—2017）、《建筑工程设计信息模型制图标准》（JGJ/T 448—2018）、相关地方标准及项目设计 BIM 标准的规定。设计和施工模型的命名和编码扩展原则应保持一致。

施工 BIM 模型的创建和管理应划分为深化设计模型、施工过程模型和竣工模型。深化设计模型的创建与管理按照分部分项工程及相应施工组织设计对施工图设计模型进行合理划分并展开深化设计，形成分部分项深化设计模型。

施工过程模型宜包括施工措施、施工总平面布置、质量管理控制、安全管理控制、进度管理控制、工程量统计、预制加工等模型。汇总整合各分部分项完工模型，形成项目竣工模型，竣工模型应与竣工图和竣工建筑实体保持一致。

在创建竣工模型时，应考虑运维阶段对材料设备信息的需求。让监理单位做好施工阶段各专业深化设计模型以及竣工模型的审核验收工作。

14.3.2　各阶段模型审核要点

1. 设计阶段

EPC 模式下方案设计、初步设计与施工图设计可能为不同的设计单位，EPC 设计单位注意与前期设计单位关于 BIM 模型审核工作的衔接。

方案设计：建筑实体需审核基本形体及总体尺寸，细节特征及内部构成等无须表现；构件需审核尺寸等基本信息。初步设计：建筑实体需审核主要几何特征及关键尺寸，细节特征、内部构成等无须表现；构件需审核主要尺寸、安装尺寸、类型、规格及其他关键参数等信息。施工图设计：建筑实体需审核是否包含详细几何特征、精确尺寸以及必要的细节特征及内部构成；构件应审核是否包含项目在后续阶段需要使用的详细信息，如构件的规格类型参数、主要性能参数及技术要求等。

2. 施工阶段

施工过程模型审核阶段，审核的对象可以理解为是在深化设计模型的基础上经 EPC 施工单位完善的深化设计模型。遇到不明确的地方，需要与 EPC 设计单位进行协调复核。本阶段的模型细度一般应达到 LOD300，需预制的构件细度应达到

LOD400。审核的主要内容包括：所建模型的确定造型、位置、尺寸等。如构件和构件间的确定尺寸；构件外部造型细节、层高、降板的标高；各部门可以指导施工的施工图；以及涉及跨工种协同作业的信息，如，机电预埋件、预留孔洞等；部分细度达到 LOD400 的构件还应包含构件的详细信息，如焊点、防水层等。模型应与施工深化设计需求相对应，需审核是否包含加工、安装所需要的详细参数信息，是否满足施工专业协调和技术交底工作。

3. 竣工阶段

链接信息可包含重要的隐蔽施工记录、洽商记录、设备材料信息、竣工验收信息（如形成的相关文件、报告、评估等）、工程质量保修书、建筑使用说明书等，链接工作由各参建单位完成。考虑到全专业整合模型数据量过大的情况，模型文件可按照单项工程进行命名分类。

EPC 总承包单位提交的 BIM 施工竣工模型应满足竣工移交时间节点要求，由项目监理以及相关方负责审核。另外，竣工阶段模型还需要添加建设单位要求交付的具有完整的构件参数和属性的竣工模型。审核重点则主要是检查此类信息的完整性与正确性。

14.3.3 成果交付要求

BIM 成果交付汇总表见表 1-14-1。

表 1-14-1 BIM 成果交付汇总表

序号	BIM 实施成果	成果类型
1	设计 BIM 实施方案	文档
2	方案设计阶段模型	模型
3	初步设计阶段模型	模型
4	施工图等阶段模型	模型
5	BIM 模型专业综合检查报告	文档
6	虚拟漫游	视频
7	设计方案优化报告	文档
8	模型专业综合	模型、文档
9	建筑指标统计分析	模型、文档

（续）

序号	BIM 实施成果	成果类型
10	建筑性能化分析	模型、视频、图片、文档
11	净空净高分析	模型、文档
12	漫游模拟	视频
13	工程量统计	文档
14	BIM 模型输出设计图	模型、图纸
15	施工 BIM 实施方案	文档
16	机电管线碰撞检查报告	文档
17	室内净空优化	文档、模型
18	深化设计模型	模型
19	施工过程模型	模型
20	施工方案模拟	视频
21	场地布置模拟	视频
22	装配式深化设计	模型、文档
23	机电支吊架深化	模型、文档
24	洞口预留预埋深化	模型、文档
25	设备安装模拟	视频
26	钢结构深化设计	模型、文档
27	幕墙深化设计	模型、文档
28	装饰装修深化设计	模型、文档
29	机电管综深化设计	模型、文档
30	虚拟样板	模型
31	细部做法	模型、文档、视频
32	进度管理	模型、文档、视频
33	造价管理	模型、文档
34	材料管理	模型、文档
35	质量管理	模型、文档
36	安全管理	模型、文档
37	竣工资料	合同要求的各类 BIM 文件

14.4 工作流程

BIM管理工作流程图如图1-1 4-1所示。

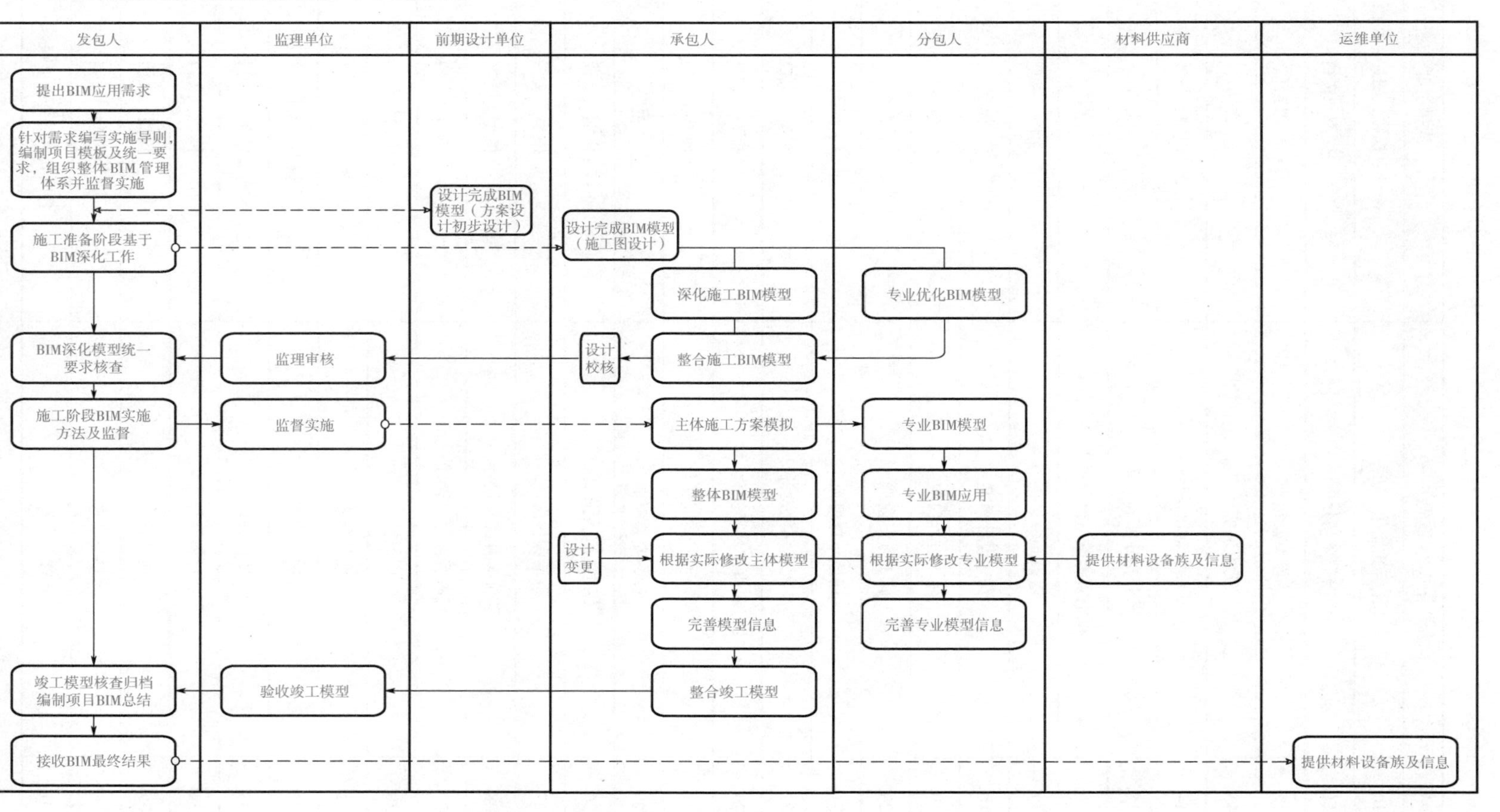

图1-14-1　BIM管理工作流程图

14.5　重点注意事项

（1）充分识别对于BIM的相关需求。一方面需要识别包括设计优化、可视化、协同、建造过程模拟、安全交底等显性需求，另一方面需要识别运维需求、申报鲁班奖、成果展示等隐性需求。

（2）建设单位提前明确对项目BIM各阶段的实施要求，制定BIM实施管理相关的管理办法。

（3）从招标阶段即开始使用BIM技术，这样可以在过程中结合信息化建立智慧建造监管平台。强化BIM投标文件的编制及载体、开标评标、BIM评审因素的设计、BIM评标专家的能力等工作。

（4）利用BIM技术，提高建设单位的BIM管理水平，提高EPC总承包单位的工程设计和交底的水平：如减少设计错误、深化设计、可视化交底等。

（5）利用BIM技术和协同平台等，提升工程项目建设管理水平和效率：如进度模拟、施工方案对比、多方协同、信息承载，以及基于BIM的各项管理等。

（6）建设单位在BIM技术应用过程中应引导BIM参建单位逐步降低BIM应用门槛，推动BIM技术在工程项目中的深度应用。

第15章 信息及文控管理

15.1 一般规定

（1）制度规范是工程档案管理的依据，制定项目信息管理的工作目标：确保项目档案便于有效的获取、处理、存储、存档。[18]

（2）在工作中运用先进的信息化系统并使用信息化管理系统，利用先进的管理手段整合项目关键信息。

（3）综合考虑信息成本及信息收益，应实现信息效益最大化。

（4）配备专职文件与档案管理人员。

（5）应按照国家现行有关档案管理及标准的规定，建立档案收集制度、统计制度、保密制度、借阅制度、库房管理制度及档案管理人员守则。

（6）项目实施过程中产生的文件与档案均应进行及时收集、整理，项目文件应格式规范、内容准确、清晰整洁、编号和签字盖章手续完备，并按项目的统一规定标识，完整存档。

（7）要求各参建单位项目文件应符合国家或行业有关勘察、设计、施工、监理、检验、检测、鉴定等方面的技术规范、标准和规程要求。

（8）宜应用信息系统，重要项目文件和档案应有纸介质备份。

（9）档案的保存期应符合国家相关规定及合同约定等。

15.2 工作内容

（1）明确项目信息管理范围。

（2）明确项目信息管理目标。

（3）明确项目信息需求。

（4）开展信息管理策划。

（5）编制信息管理计划。

(6) 明确项目信息资源需求计划。

(7) 搭建信息管理体系。

(8) 建立项目信息管理手段和协调机制。

(9) 建立项目信息编码系统。

(10) 建立项目良好信息沟通渠道。

(11) 制定项目信息管理制度与信息变更控制措施。

(12) 信息安全管理。

(13) 开展信息技术应用管理。

(14) 档案管理。

15.3　工作要求

15.3.1　基本要求

(1) 建立项目信息管理制度、会议制度、各种报表和报告制度。

(2) 随时提供有关项目的各类信息、各种报表和文件，确保信息流通畅、及时和准确。

(3) 安排专人负责收集、整理、分类、归档各种项目信息。

(4) 建立相应的数据库，对信息进行存储，采用先进的安全技术，确保信息安全状态。

(5) 将所有项目信息分类装订成册存档，制定信息管理的工作目标，保证项目档案便于有效地获取、处理、存储、存档。

15.3.2　信息管理策划要求

(1) 设立信息管理岗位。

(2) 建立项目日常信息管理制度、文档编码制度以及文档储存制度等专项文档管理制度。

(3) 制定相关流程及表格。

(4) 做好信息支撑工作。

(5) 建立实施阶段的过程跟踪提醒制度等。

(6) 对项目信息的梳理，形成一套系统的管理文件，为今后类似工作提供指导作用。

15.3.3 信息管理计划要求

（1）建设单位应确定工程项目信息管理目标，将信息管理计划纳入项目策划过程。

（2）信息管理制度应确保信息管理人员以有效的方式进行信息管理，信息变更控制措施应确保信息在变更时进行有效控制。

15.3.4 信息过程管理要求

（1）信息过程管理应包括：信息的收集、加工、整理、检索、传递和存储。

（2）建立一套完善信息采集制度，收集初始信息，并对初始信息加以筛选、整理、分类、编辑和计算等，将其变换为可利用的信息。

15.3.5 信息安全管理

（1）信息安全应分类、分级管理，设立信息安全岗位，明确职责分工；实施信息安全教育，规范信息安全行为；采用先进的安全技术，确保信息安全状态。

（2）应实施信息安全管理，建立完善的信息安全责任制度，实施信息安全控制程序，并确保信息安全管理的持续改进。

15.3.6 信息技术应用管理

（1）借助先进的信息管理软件及信息技术平台，根据时间、内容、类型进行分类、编码、归集，高效检索、分享、传递、审批工程项目信息，保存能清楚证明与项目有关的电子、文档资料。

（2）基于项目 BIM 应用管理平台，策划、组织并确保主要参建方与其他参建方的在内外同级、跨级层次的信息传递线路的通畅；基于项目的特征编码预设，督导建立快速跳转及精确检索的信息交互功能以便调阅背景信息。BIM 辅助管理针对项目精细化管理要求高且建设要素穿插等特点，通过开展针对性项目级 BIM 实施管理，保证参建各方有计划地按照统一标准实现信息共享和工作协同、协助设计管理实现高质量管理目标；辅助施工管理对安全、质量的管控，并通过数字化移交，为运营维护提供整合的建筑信息，实现 BIM 价值链的延伸。

15.3.7　档案管理工作要求

（1）项目文件具体可分为成果文件和过程文件两类。成果文件应包括：相关的专业咨询成果文件。过程文件应包括：编制、审核、审定人员的工作底稿、相关电子文件等。归档成果文件、过程文件和其他文件。

（2）各类咨询文件、设计文件、EPC 工程总承包文件、施工过程资料、竣工资料以及合同及补充协议等资料，建设单位应组织各参建单位建立具有良好追溯性的资料文件目录。建设单位应督促参建各方相关负责人员收集整理合格的档案资料向相关单位办理移交。

（3）严格按照项目所在地的资料规程的相关要求，工程资料必须真实反映工程建设过程和工程质量的实际情况，并应与工程进度同步形成、收集和整理，并有相关人员签字；需要加盖印章的，应加盖相关印章。

（4）建设单位应要求 EPC 总承包单位按建设单位要求，形成 EPC 总承包范围内的施工资料，需要报审报验的资料交由 EPC 总承包单位审核确认，并报项目监理机构审批。

（5）建设单位应要求 EPC 总承包单位和监理单位对涉及工程结构安全的重要部位，应留置隐蔽前的影像资料，影像资料中应有对应工程部位的标识。

（6）建设单位按照资料管理规程要求监理单位、EPC 总承包单位按合同约定各自向建设单位移交完整的工程档案，移交数量不少于 1 套，并办理相关的移交手续。

（7）建设单位应在工程竣工验收合格后 3 个月内，将城建档案馆预验收合格的工程档案移交城建档案馆，并办理相关移交手续。

（8）工程各参建方应将各自的工程档案归档保存，办理相关移交手续并归档。工程档案的保存期限应符合以下要求：

1）城建档案馆的工程档案保存期限应符合国家档案管理的有关规定。

2）监理单位及 EPC 总承包单位的工程档案保存期限，可根据相关规定及管理需要自行合理确定。

3）建设单位的工程档案保存期限应不少于工程实体实际使用年限。

15.4　工作流程

建设单位信息管理图表见表 1-15-1～表 1-15-3。

表 1-15-1　收发文登记表

编号__________

收 文 登 记 表

起始时间

结束时间

类　　别

部门/项目

收文						回文（转发）			
日期	来文单位	文件编号	文件名称	份数	经办	日期	份数	签收	备注

编号__________

发 文 登 记 表

起始时间

结束时间

类　　别

部门/项目

日期	文件编号	文件名称	份数	日期	收文单位	签收	备注

表 1-15-2　文件清单

编号__________

文 件 清 单

编制部门（项目）

审批

日期

第　　页 共　　页

序号	类别	文件编号	文件名称	实施时间	发布单位	文件状态	备注

注：“文件状态”栏填写表示该文件状态的“更改”“作废”等字样，不填写表示该文件全部有效。

表 1-15-3　档案交接登记表

编号__________

档案交接登记表

序号	档号	案卷目录题名或组织机构名称	所属年度	移交（接收）日期	案卷数量	备注

移交人（签字）：　　　　　　　　接收人（签字）：

15.5　重点注意事项

（1）信息化需要有制度支持，建设单位对于信息管理要制定具有规范性、实操性的制度文件，指导项目实施的信息管理工作。

（2）项目很多工作先行先试，相关依据文件都有一定的试行期限。所以，对于已经实施的各类文件要及时分析其适用性，对于试行期已满的文件应尽快确认其是否继续有效。

（3）发包人建立实施 EPC 制度信息清单，梳理现有工程建设管理制度汇编成册，定期进行更新发布。

（4）对信息管理相关的管理制度及管理流程，建设单位应认真收集、整理和分析项目参建单位提出的意见、建议，采纳建设性的建议，对较为集中的意见、建议未予采纳的，应说明理由。

（5）对于具有 EPC 引领示范作用的重要项目，建设单位要更加重视过程资料的归档工作，及时收集整理归档第一手原始资料，一方面有利于应对后续工作可能产生的相关争议问题，另一方面有利于总结 EPC 模式实施经验，为后续特别是政府投资的 EPC 项目提供参考样板。

（6）组织项目各方（包括建设单位、承包人、产权单位、运营单位等）进一步加强工作中的沟通协调，保持信息沟通渠道畅通高效，共同推进项目实施。

第16章　风险管理

16.1　一般规定

（1）建立风险管理体系，明确各层次管理人员的风险管理责任，减少项目实施过程中的不确定因素对项目的影响。

（2）风险管理的目标是对于可能出现的内、外部风险因素进行识别，对出现的风险导致经济效益、社会效益、身体伤害或伤亡等损失程度进行分析，并采取必要的对策措施进行控制，规避损失或将损失降低至最低程度。只有目标明确，才能起到有效的作用。

（3）建设单位对于项目风险管理应包括项目实施全过程的风险识别、风险评估、风险响应和风险控制等阶段。

（4）风险识别应从过程系统管理角度开展，还应识别风险是个体风险（小概率事件）还是系统风险（大概率事件）。

（5）风险识别过程中常用的方法有专家调查法、事故树分析法、初始清单法、经验数据法、风险调查法等。

16.2　工作内容

1. 参建单位主要负责人负责内容

负责贯彻落实风险防范措施，随时监控项目风险发生情况，根据项目实施情况，向各方风险管理责任人提出风险控制建议。

负责本部门风险的管理，制定风险防范措施并认真落实。

2. 前期管理工程师负责内容

负责前期工作风险的管理。

负责社会政治风险的管理。

3. 设计管理工程师负责内容

负责设计工作风险的管理。

负责项目投资风险的管理。

负责计划风险的管理。

负责设计变更风险的管理。

4. 造价合约管理工程师负责内容

负责经济风险的管理。

负责工程款项支付风险管理。

负责费用风险的管理。

负责合同执行中风险的管理。

负责工程索赔风险管理。

5. 施工管理工程师负责内容

负责自然风险的管理。

负责合同风险的管理。

负责施工质量风险的管理。

负责现场签证风险的管理。

负责竣工验收风险的管理。

负责进度风险的管理。

6. 安全管理工程师负责内容

负责现场安全工作风险的管理。

负责 HSE（健康、安全和环境）风险的管理、制定风险防范措施。

16.3　工作要求

1. 制定项目风险应对主要措施

在不同阶段的过程中产生不同性质、不同程度的风险。建设单位组织参建单位按照风险管理目的和管控流程，区别不同情况，提出风险应对措施，建立完善风险管理制度和机制规避系统风险。

2. 提升内部风险管理能力

风险管理作为组织治理能力建设的一个重要组成部分，在综合管理部门专设风险管理机构，对可能出现的政策风险等，分别制定风险回避、风险减轻、风险转移和风险接受等各项应对机制和对策管理措施，应当让全体参建人员理解掌握可能出现的潜在风险因素，遵守相关的规章制度；对于出现的重大风险事件，相关机构应按照相关规定和流程，进行必要的调查研究，组织开展风险评价，提出风险应对措施，为单位风险决策提供依据。

3. 建立完善风险管理体系

风险管理涉及组织职责、风险过程控制、风险纠正和预防等多个方面，建设单位结合工程实际中的技术创新、组织实施模式和组织方式等实际情况，制定风险管理相应的手册、体系程序文件和作业指导书、表格报告等文件，有利于推进风险管理工作的落地化、规范化及持续开展。

4. 建立风险培训制度

建设单位要积极对各参建单位相关人员开展风险意识等方面知识培训，建立完善满足项目实际要求的风险教育培训制度，研究制定培训实施方案，包括培训需求、培训准备和培训方式等。通过举办讲座、研讨班、培训班等方式分别组织实施。

5. 建立较为完善的监督检查机制

建设单位应建立较为完善的监督检查机制，对各参建单位的风险管理工作进行动态管理监督。及时把各种新的法律法规、内外形势的变化、企业和建设单位的要求等传达到各参建单位，并在检查中及时发现各参建单位风险管理工作的不足，要求各参建单位针对项目存在的风险隐患，及时加以处理，避免风险事故的发生。

6. 注重舆论工作

为了加强对突发事件的管理与应对，组织各参建单位建立一支精干高效的突发事件公关小组是完全必要的。组建突发事件公关小组，有利于全面应对突发事件。当突发事件发生时，突发事件公关小组要起到指挥中心的作用，包括建立突发事件控制中心、制定紧急应对方案，策动方案实施，与媒体进行联系沟通，控制险情扩散、恶化，减弱突发事件的不良影响，化解公众疑虑和敌对情绪，以便尽快结束突发事件。

16.4 工作流程

风险管理流程图如图 1-16-1 所示。

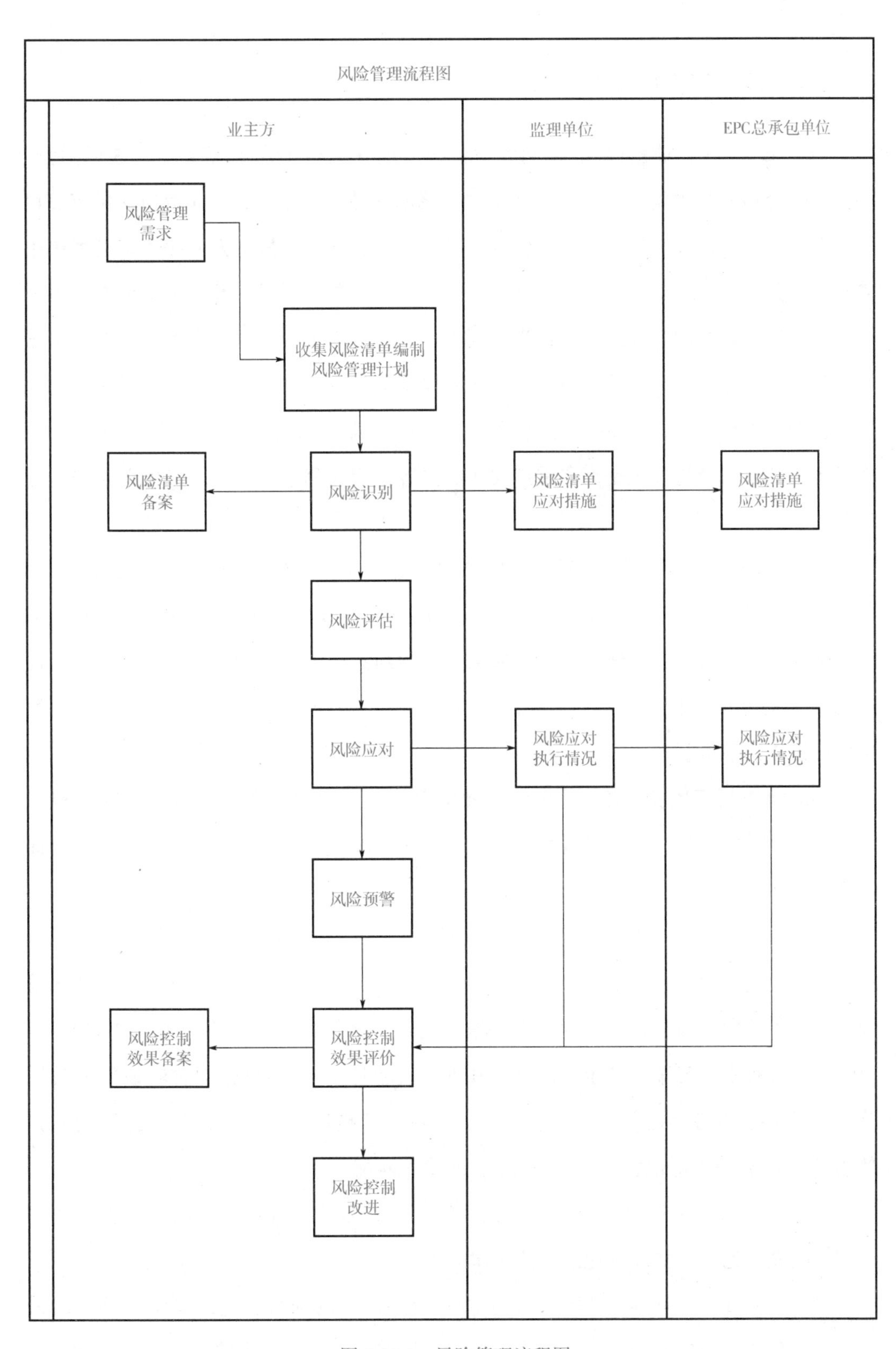

图 1-16-1 风险管理流程图

16.5 重点注意事项

（1）做好合同风险管理。合同风险：一方面在内容上需重点关注一些风险点，如：风险分担是否明确、合理，设计文件审核范围是否明确，对设计费的支付节点设置是否科学，逾期竣工违约金最高限额的设置是否合理等。另一方面在实施过程中也需要重点关注一些风险点，如：钢筋、钢柱、钢梁、预拌混凝土及人工价格波动范围超过约定调价幅度而引起的调整；当出现不可预见的困难后，承包人可能以对不可预见困难的风险分担显失公平为由，请求法院以情势变更原则进行调整。对于相关的风险点，如果处理不当，容易引发索赔等一系列相关风险。同时，对于一些探索性的具体措施，其合法合规性也是需要重点关注的内容，应充分论证评估以避免潜在的法律风险。

（2）做好进度风险管理。进度风险主要是建设单位在拟定采用EPC模式时，容易看重EPC总承包模式管理负担减轻，而忽略EPC管理方式前期策划周密、建设需求明确等特征，从而在实施过程中造成工期受制约甚至于工期延误。所以要制定全面准确的《发包人要求》的相关文件，能够充分反映建设单位的真实需求，实施过程中做好里程碑节点管控。

（3）做好投资风险管理。投资管理面临着“严禁超概”的红线要求，建设单位要充分认识投资风险，分阶段落实投资管理措施，做好变更洽商、调价、索赔等方面工作。

（4）做好工程品质风险管理。招标采购阶段，明确招标文件中相关信息资料及技术要求。实施阶段，施工环境往往是很复杂的，再者EPC项目的规模一般都比较大，对施工阶段的风险管理难度较大，施工过程对环境的影响是很大的，在EPC项目的实施过程中，健康、安全与环境（HSE）风险是EPC项目施工阶段最典型的风险。[19] 督促管理各参建单位对主要材料、设备的严格把关。同时，及时与后期入住使用单位沟通，确保工程品质与入驻单位的需求匹配。

（5）对于试点项目的一些探索性具体措施，其合法合规性也是需要重点关注的内容，应充分论证评估以避免潜在的法律风险。

（6）做好供应链风险管理。特别是涉及分期建设的项目，建设单位容易倾向采用以往项目的一些较好供应商，这些与承包人具有良好合作关系的一些供应商进入项目需要有一个关于价格、政策、标准相互磨合适应的过程，加之受到近年来环保政策收紧等因素影响，容易影响供应链的正常运行。

（7）引导各参建单位参加职业保险。对于职业责任保险体系的推动尚处于探索阶段，如：对工程质量缺陷责任保险的规定多是“鼓励工程 EPC 总承包单位进行投保”，建设单位应进一步引导强化保险工作的实施。

第 17 章　验收管理

17.1　一般规定

（1）竣工验收对于各参建单位来讲都是工程中的一项重要工作，其完成的情况直接反映工程产品的最终品质，也涉及工程合同款的结算以及后续的审计等一系列工作。建设单位应提前组织各参建单位做好各项验收准备工作。

（2）在项目实际施工工作完成后，项目已按设计要求全部建设完成，并已符合竣工验收标准，建设单位应及时组织竣工验收。

（3）对于验收工作的实施，必须严格按照工程竣工验收程序来进行验收。

（4）建设单位对验收过程中相关资料，应同步整理归档。

17.2　工作内容

1. 竣工验收准备管理

建设单位组织建立竣工验收小组，要求各参建单位特别是 EPC 总承包单位全面落实工程交付竣工验收前的各项准备工作，编制项目竣工验收计划。EPC 总承包单位按计划落实各项准备工作，具备条件后向监理单位及建设单位发出预约竣工验收的通知，说明拟交工项目的情况，商定竣工验收有关事宜。

2. 竣工验收实施

建设单位组织各参建单位，依据有关法规标准及项目合同的验收规定，履行各方验收职责。

3. 竣工资料管理

按竣工验收条件的规定，建设单位组织各参建单位及时认真整理工程竣工资料。建立健全竣工资料管理制度，实行科学收集，定向移交，统一归口，便于存取和检索。竣工资料的内容包括：工程施工技术资料、工程质量保证资料、工程检验评定资料、竣工图及其他应交资料，由专职资料工程师按照《建设工程文件归档整理规范》（GB/T 50328—2014）等相关要求汇编成册。

4. 竣工结算管理

工程竣工验收报告完成后，组织各参建单位在规定的时间内递交工程竣工结算报告及完整的结算资料，及时组织完成结算工作。

17.3　工作要求

1. 制定验收计划

建设单位督促监理单位，审批 EPC 总承包单位编制的工程竣工验收计划，经批准后执行。工程竣工验收计划应包括：工程竣工验收工作内容、工程竣工验收工作原则和要求、工程竣工验收工作职责分工、工程竣工验收工作顺序与时间安排等内容。

2. 参加项目预验收

当单位工程项目经施工单位自检合格达到交验条件时，由监理单位组织各专业管理工程师对工程质量进行预验收。建设单位可以根据工作实际情况参加预验收。按照合同约定的工程范围、质量目标对相关专业工程质量、使用功能等进行全面检查，对发现影响竣工验收的问题应及时签发通知，监理单位责成 EPC 总承包单位限期进行整改。

3. 组织项目竣工验收

建设工程的竣工验收应按照《建设工程质量管理条例》（国务院令第 279 号）第十六条的规定，具备相关条件，包括：完成建设工程设计和合同约定的各项内容，有完整的技术档案和施工管理资料，有工程使用的主要建筑材料、建筑构配件和设备的进场试验报告，有勘察、设计、施工、工程监理等单位分别签署的质量合格文件，有施工单位签署的工程保修书。

建设单位参加竣工验收，并提供相关管理人资料，对验收中提出需要整改的问题，建设单位应督促监理单位对 EPC 总承包单位提出整改要求。工程质量符合要求，参加验收的各方签署《单位工程验收记录》。

4. 组织竣工验收资料归档

竣工验收资料的整理归档应符合下列要求：工程施工技术资料的整理始于工程开工，终于工程竣工，真实记录施工全过程，可按形成规律收集，采用表格方式分类组卷；工程质量保证资料的整理应结合专业特点，进行分类组卷；工程检验评定资料的整理按单位工程、分部工程、分项工程划分的顺序，进行分类组卷；竣工图的整理按竣工验收的要求组卷。

5. 签发竣工移交证书

在完成项目所有验收流程及资料归档后，建设单位及时签发工程竣工移交证书。

17.4 工作流程

验收管理流程如图 1-17-1 所示。

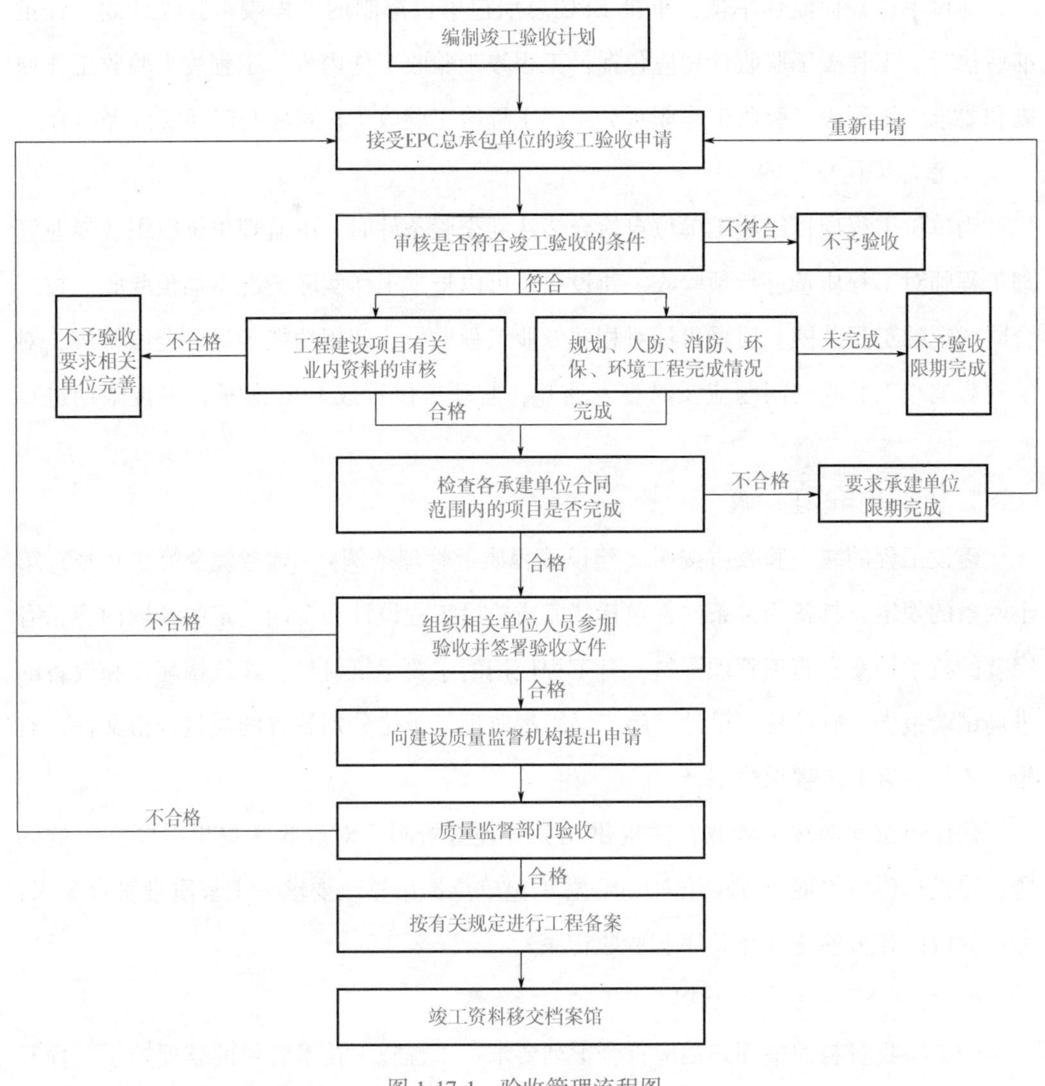

图 1-17-1　验收管理流程图

单位工程质量竣工验收记录见表 1-17-1。

表 1-17-1　单位工程质量竣工验收记录

<table>
<tr><td>工程名称</td><td></td><td>结果类型</td><td></td><td>层数/建筑面积</td><td></td></tr>
<tr><td>EPC 施工单位</td><td></td><td>技术负责人</td><td></td><td>开工日期</td><td></td></tr>
<tr><td>项目负责人</td><td></td><td>项目技术负责人</td><td></td><td>完工日期</td><td></td></tr>
<tr><td>序号</td><td colspan="2">项目</td><td>验收记录</td><td colspan="2">验收结果</td></tr>
<tr><td>1</td><td colspan="2">分部工程验收</td><td></td><td colspan="2"></td></tr>
<tr><td>2</td><td colspan="2">质量控制资料核查</td><td></td><td colspan="2"></td></tr>
<tr><td>3</td><td colspan="2">安全和使用功能
核查及抽查结果</td><td></td><td colspan="2"></td></tr>
<tr><td>4</td><td colspan="2">观感质量验收</td><td></td><td colspan="2"></td></tr>
<tr><td colspan="2">综合验收结论</td><td colspan="4"></td></tr>
<tr><td rowspan="2">参加验收单位</td><td>建设单位</td><td>监理单位</td><td>EPC 施工单位</td><td>EPC 设计单位</td><td>勘查单位</td></tr>
<tr><td>（公章）
项目负责人
年　月　日</td><td>（公章）
总监工程师
年　月　日</td><td>（公章）
项目负责人
年　月　日</td><td>（公章）
项目负责人
年　月　日</td><td>（公章）
项目负责人
年　月　日</td></tr>
</table>

工程竣工移交证书见表 1-17-2。

表 1-17-2 工程竣工移交证书

工程名称： **编号：**

<table>
<tr><td>致：（建设单位）
兹证明 EPC 施工单位施工的工程，已按施工合同的要求完成，并验收合格，即日起该工程移交建设单位管理。

附件：单位（子单位）工程质量竣工验收记录

监理单位：
总监理工程师：
年 月 日</td></tr>
<tr><td>建设单位项目负责人：
年 月 日</td></tr>
</table>

固定资产移交流程如图 1-17-2 所示。

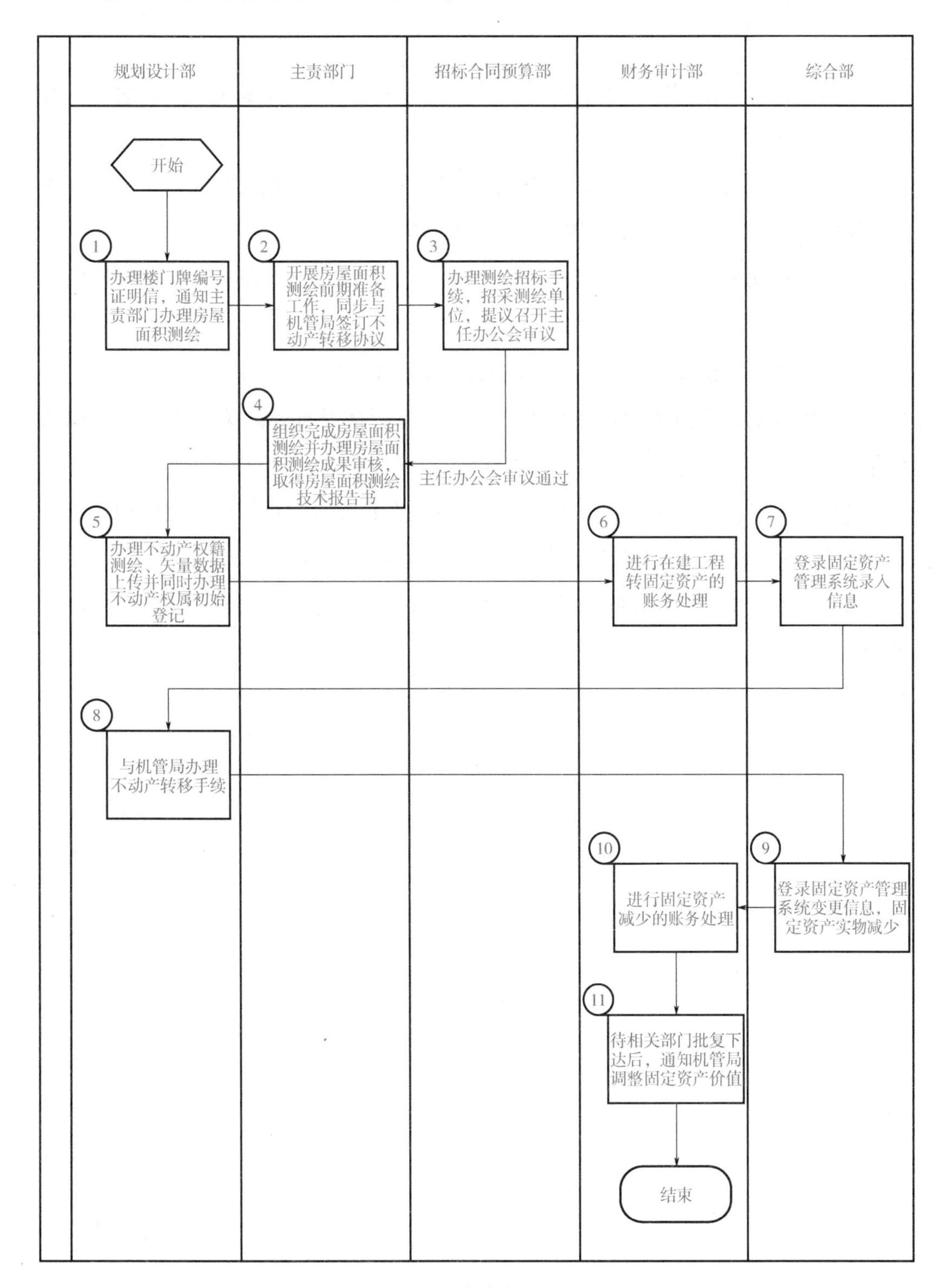

图 1-17-2　固定资产移交流程图

17.5 重点注意事项

（1）合同中关于 EPC 工程的竣工验收及延期违约条款一定要明确，避免竣工验收时相关争议的发生。

（2）工程验收移交前，发包人与承包人要根据法规、合同的相关规定，详细确定验收标准、验收程序、移交范围及甩项工作内容。

（3）在移交和验收阶段要依据施工图对现场实际进行核查，保证图纸与现场一致。

（4）注意竣工验收报告填写日期及内容等事项要准确完整；做好资料归档；“移交证书”颁发后，即进入缺陷责任期，参建各方严格履行合同关于缺陷责任期的约定。

（5）对于绿色建筑有要求的项目，建设单位在验收时应对绿色建筑的相关资料及实体进行全面验收，结果要满足合同中关于绿色建筑的相关要求。

（6）工程重要节点的验收，邀请使用、运营和产权等单位参与，及时解决可能遇到的问题。[20]

第 18 章　监理管理

18.1　一般规定

（1）建设工程监理实行总监理工程师负责制。监理工作应符合国家、地方现行有关法律法规和标准规范的规定。

（2）建设单位对常规监理工作以外的监理服务，如设计监理、驻厂监造等，应及时完成监理单位招标工作，并在监理合同中明确相关监理工作内容。

（3）建设单位依据合同监督监理单位公平独立诚信科学开展工程建设监理相关服务活动。

（4）建设单位通过合同约定或设置合理的奖惩机制，要求并引导监理单位发挥工程建设过程的最大管理价值。

18.2　工作内容

1. 常规监理工作

通过监理合同，根据《建设工程监理规范》（GB/T 50319—2013）等相关政策文件规定，确定常规监理工作，主要包括：在施工阶段对建设工程质量、进度、造价进行控制，对合同、信息进行管理，对工程建设相关方的关系进行协调，并履行建设工程安全生产管理法定职责。

2. 设计监理

为加强设计源头管理，发挥建设单位创新工程建设管理模式在建设工程领域的行业引领作用，工程中建议实施工程设计监理，可以制定《建设单位工程设计监理管理暂行办法》，办法应对设计监理的工作职责进行具体的要求。监理单位对工程设计监理工作负责。设计监理负责对设计过程及设计文件进行专业监理，对设计成果的深度、质量及设计进度进行审核并提出专业建议，突出抓好建筑功能、结构体系、功能系统等的合理性和适用性，以及设计图图面表达的正确性、闭合性和可实施性，实现节约工程投资、提高空间利用率、改善使用功能、提升观感质量等目标。

3. 驻厂监造

监理单位作为监造工作的主体，对监造工作质量负责。

18.3 工作要求

1. 常规监理工作要求

符合《中华人民共和国建筑法》《建设工程安全生产管理条例》（国务院令第 393 号）、《建设工程质量管理条例》（国务院令第 279 号）、《危险性较大的分部分项工程安全管理规定》（住建部令第 37 号）、《建筑起重机械安全监督管理规定》（建设部令第 166 号）、《建设工程监理规范》（GB/T 50319—2013）等法律法规、标准关于监理工作的要求。

2. 设计监理要求

设计监理单位要重点对施工图设计的经济性、合理性、适用性进行审查。承担工程设计监理工作的单位应具备相应工程监理企业资质或工程设计资质，鼓励监理企业和设计单位成立联合体承担工程设计监理业务，无设计监理能力的可以外聘专业团队实施。实施工程设计监理的工程，原则上应在初步设计完成前完成监理单位招标工作，并在监理合同中明确工程设计监理工作内容。工程设计监理工作范围至少应包括初步设计、施工图设计阶段。初步设计阶段要重点审查项目设计团队的人员配备和管理情况、初步设计文件的编制深度、审查初步设计阶段建筑功能、结构体系、功能系统的合理性和适用性，审查各专业设计文件的一致性以及限额设计的执行情况，重点审查初步设计概算编制的完整性、概算计价的准确性等。在施工图设计阶段要重点关注项目设计团队的人员配备和管理情况、施工图设计文件的编制深度、审查施工图设计阶段各专业设计图图面表达的正确性、闭合性、可实施性等设计质量常见问题，以及限额设计的执行情况，重点审查结构、机电设备、外幕墙、装饰装修等重要分部分项工程。

3. 驻厂监造要求

驻厂监造以项目为单位，建设单位统筹协调，监理单位主体执行，设计和施工单位协同配合，综合考虑工程需求、产品特点、成本费用等因素，采取驻厂、抽查、联合检查等多种方式，对预拌混凝土、装配式混凝土结构性部品部件、钢结构构件、外墙石材、部分机电等材料设备的生产质量和供应实施监督检查，进行精细化管理。驻厂监造过程及结果不替代采购单位对产品的质量责任，不替代项目施工、监理单位的产品进场验收等相关质量管理职责。

18.4　重点注意事项

（1）建设单位聘请有实力的监理单位。EPC 总承包模式理论上减少了建设单位的整体工作量，但对于承包人的监督管理工作必不可少，需要专业力量来实施。聘请有实力的监理单位，选派经验丰富的监理工程师，充分运用其专业知识和技能优势，代表建设单位对项目建设的全过程实施监督管理，有利于实现对项目质量、进度、投资及安全的控制与管理。

（2）对监理的各项要求，特别是“三控、两管、一协调”之外的监理服务内容，从招标阶段就进行明确，然后通过合同进一步明确。

（3）EPC 总承包模式对应的监理单位工作中增加“设计监理”工作内容，突出设计监理工作的重要性，从初步设计阶段即招标确定监理，从监理的角度加强对于项目品质的把控。除了增加设计监理，还可以增加驻场监造，对工程质量从源头把关。

（4）严格监理人员履约。监理是代表建设单位实施项目管理的重要力量，必须保证现场监理人员的综合能力满足工程需求。建设单位通过合同条款及现场检查等措施，对主要监理人员履约进行严格管理，对项目管理水平的稳定性与连续性进行制度约束与保证。

（5）积极引导监理单位的工作积极性。国家对于设计及监理行业的取费标准已放开，参考实施的相应取费标准取费费率偏低，且实际中已作废，目前没有出台新的政策法规和取费标准。虽然建设单位可能在费率上给予一定补偿，但监理单位仍存在“加量不加价”的观点，对于设计监理、驻厂监造等监理工作的积极性，建设单位应通过相应的奖惩办法进行引导。

第二篇

手册创新与展望

第19章 创 新

《建设单位EPC管理手册》（以下简称《手册》）认真总结了政府投资的EPC项目在房屋建筑领域建设模式的管理经验，使得建设单位对于EPC模式在房屋建筑项目的管理不再是高高在上的“空中楼阁”，而是能够唾手可得的“妙药良方”。《手册》对在我国还处于起步阶段的房屋建筑领域建设单位EPC项目管理的发展将起到重要的推动作用。总体来说，《手册》在结构和内容方面都有很大的创新。

1. 在结构方面，具备了很好的系统性和逻辑性

从系统性来看，《手册》首先对比分析了政府投资的EPC模式与经典EPC模式的差异，然后据此提出了建设单位需要应对的合同、工期、投资与质量方面的主要风险，同时结合项目实践经验提出了EPC项目参建各方的主要职责的相关建议。随后，在主体内容方面，《手册》对于建设单位在EPC项目管理中应重点关注的内容进行了系统研究，涵盖了建设单位EPC工程总承包项目管理涉及的所有过程环节，包括设计管理、采购管理、施工管理、招标管理、合同管理、投资管理、进度管理、质量管理、安全管理、绿色建筑管理、BIM管理、信息及文控管理、风险管理、验收管理及监理管理等，充分体现了项目管理所应覆盖的知识领域和项目管理过程。

从逻辑性来看，首先在整体章节安排上，《手册》从EPC总承包项目的执行过程的逻辑顺序出发，安排了设计管理、采购管理、施工管理等章节；随后从项目管理的职能领域的逻辑出发，安排了招标管理、合同管理、投资管理、进度管理、质量管理、安全管理、信息及文控管理、风险管理、监理管理等章节；此外还针对我国建筑业对信息技术的应用以及可持续发展的要求，增加了BIM管理和绿色建筑管理两个章节。其次，在每个章节的内容安排方面，《手册》对于每个章节都采用了模块化的内容安排设计，将主体章节中的内容安排都划分为一般规定、工作内容、工作要求、工作流程和重点注意事项五个部分。在一般规定部分概述每个章节的总体工作目标，在工作内容方面将目标分解为具体工作内容，在工作要求方面提出具体工作手段，在工

作流程方面阐明具体工作流程，在重点注意事项部分着重介绍了在建设单位 EPC 工程总承包管理过程中常见的重点、难点问题和注意事项。

2. 在内容方面，《手册》兼具科学性、创新性和操作性

从科学性来看，《手册》的内容安排充分体现了国际 EPC 项目管理的先进理念，参考了国际 EPC 工程项目的成功经验。如，在合同管理部分，《手册》提出建设单位在编写发包人要求时要明确项目功能要求、性能与品质要求、设计要求、施工要求、确定准确的时间要求，从而尽可能降低后期争议的可能性；在设计管理部分，针对设计人员的管理，《手册》提出设计负责人必须与承包人投标时所承诺的人员一致，并根据合同条款确定的开始工作日期前到任；经监理人及发包人核查，到任的设计负责人与承包人投标时所承诺的人员不一致的，承包人应承担违约责任并向发包人支付违约金；未经发包人书面许可，承包人不得更换设计负责人；承包人设计负责人的姓名、注册证书号等细节资料应当在合同中载明。另外，建筑领域数字化技术的飞速发展，以及国家对建筑业绿色发展的迫切要求，使得在房屋建筑与市政工程领域持续推进绿色建筑以及 BIM 在管理中的应用也显得尤为必要，因此《手册》也专门设置了绿色建筑管理和 BIM 管理两个专门版块，并将相关内容渗入设计管理、采购管理。

从创新性来看，《手册》在紧贴我国房屋建筑工程领域的行业现状的基础上，在内容上进行了突破性的创新。在 BIM 管理方面，将 BIM 技术应用在决策、招标、实施、竣工等工程建设全过程管理中，提高建设工程的集成化程度，让建设工程参与方的各方都能够共享信息，要求各参建单位做到通过 BIM 技术提供重点部位、关键区域的可视化设计方案比选、优化，搭建 BIM 协同管理平台，工程变更的模型调整等，真正将 BIM 的应用效果在建筑的全生命周期内发挥到最大。在设计管理方面，结合多个城市推出的建筑师负责制实施情况和落地的相关具体要求，明确了对建筑师负责制的人员要求、工作要求和建筑师的主要权限。在监理管理方面，结合工程领域推出的设计监理制和重要建材设备驻厂监造管理模式，落地了相关具体要求，明确了设计监理和驻厂监造的具体工作范围和工作要求。在绿色建筑管理方面，将绿色建筑的要求落实在项目策划、前期设计、实施和验收等工程建设全过程管理中，确定了建设单位的绿色建筑的管理需求，EPC 总承包单位绿色建筑施工管理措施，以及督促 EPC 总承包单位绿色建筑工程管理措施的实施。

从操作性来看，《手册》通过图示化、表格化、标准化的方式，将相关的项目管

理要求细化为大量实用高效的项目管理流程图、表格及标准文书格式。以 EPC 项目中最为关键的设计管理环节为例，《手册》提供了细致的“建设单位初步设计、施工图设计管理流程图”和“建设单位设计变更或工程洽商工作管理流程图”，并在之后提供了“建设单位设计变更/工程洽商/现场签证管理表”“建设单位设计变更/工程洽商审批表”“建设单位一般设计变更/工程洽商审批表”“建设单位较大、重大设计变更/工程洽商审批表”“建设单位设计变更通知单”“建设单位工程洽商通知单”“建设单位工程签证记录（变更前/验收后）”，让设计管理的流程清晰化、逻辑化。这些流程图、表格和标准文书充分展示了 EPC 工程总承包项目管理各个环节的细节流程，让建设单位在 EPC 项目管理的各个环节都有了可供遵循的项目管理实操模板，具有很强的实用价值和可操作性。

第20章 展 望

（1）政府投资的EPC项目的合同文本大多数是在《设计采购施工（EPC）/交钥匙工程合同条件》《建设工程施工合同示范文本》《建设项目工程总承包合同示范文本》及项目合同等基础上综合而成的。合同版本的特殊性使合同的适用性需要在实践中不断累积经验，对发现的不足通过补充协议等形式及时进行调整，从而不断完善合同的适用性、规范性。

（2）政府投资的EPC项目面临着安全、质量、环保、审计等一系列新的法规要求，加大了建设单位的相关风险。建设单位不宜将风险完全转移给承包人，需要进一步研究论证风险合理分担的问题，使建设单位与承包人双方的风险相对平衡。

（3）政府投资的EPC项目的承包人现阶段多为联合体，后续工作中需进一步研究联合体双方工作边界、责任划分等内容，同时对现有设计优化的管理特别是设计优化费用的处理进行完善，进一步引导承包人的工作积极性，充分发挥设计施工协同效应。随着EPC模式的逐步推进，后续政府投资项目在选择承包人时，可以从现阶段的联合体承包人过渡到单独具有设计施工综合能力的优秀承包人。

（4）EPC工程总承包模式在国内工程项目的应用将越来越多，关于参建各方高度关注的计价方式问题，目前采用较多的是固定总价的形式，但也有一些省市提出了“综合单价+模拟清单”等其他形式进行计价，到底哪一种方式更合理更科学，需要在实践中进一步研究。

（5）EPC模式中的咨询或项目管理方式，政府投资项目采用了招标代理、初步设计、监理、造价咨询等各咨询板块工作单独实施的模式，FIDIC施工合同条件以工程师为核心的管理模式。EPC模式的发展需要一个与工程总承包相匹配的高度整合的全过程工程咨询企业，完成工程项目从策划到竣工甚至运营的全过程工程咨询服务。目前从国家到地方都在同步推进全过程工程咨询，后续的项目可以探索使用“EPC工程总承包+全过程工程咨询”的建设模式，通过实践推进项目更好地实施。

（6）EPC 工程总承包模式在发展过程中面临着诸多挑战，包括理论支撑不够强大、法规政策不统一、联合体的权责不够明确、风险分担引发争议以及司法实践未能发挥引领作用等。为了解决这些问题，需要政府主管部门、参与企业、科研机构等各方专业力量的联合研究，共同开展前瞻性和基础性的工作，以推动 EPC 工程总承包模式的进一步发展。通过这些研究，我们可以更好地了解 EPC 工程总承包的工作内容、操作方式、背后的原因以及未来的发展方向，从而让包括建设单位在内的所有从业人员都能更加深入地了解和掌握这种模式，有利于该模式的进一步推广和发展。

第21章 建 议

1. 加强审计要点管理

随着《政府投资条例》等一系列文件的发布，政府投资项目的监管日益严格，特别是面对“严禁超概”的红线要求，对应的审计工作越来越细化、越来越严格。参与各方均应高度重视审计工作，充分理解审计的各项要求，从项目前期开始同步做好相关配合工作。但受限于目前的审计特点，EPC总承包单位在设计优化方面节省的投资有可能将被核减，无法转变为自身的利润，一定程度上容易降低使用EPC模式的积极性。所以，政府审计主管部门应与工程参建各方共同努力，对采用EPC工程总承包模式的项目实施有针对性的审计措施，与市场主体共同推进EPC工程总承包模式的发展。

2. 加强立法等层面的顶层设计管理

在国家层面上，我国法律、行政法规目前对工程总承包仅作原则性的一般性规定，且相关的规定分散在《中华人民共和国建筑法》《中华人民共和国民法典》《中华人民共和国招标投标法》《建设工程质量管理条例》等法律法规中，对工程总承包发包与承包、项目实施、法律责任等一系列问题缺少系统性的规定。在地方层面上，各省市根据国家层面的政策性规范文件制定的规范性文件，相互之间以及与国家政策文件之间的矛盾冲突之处并不鲜见。虽然住房和城乡建设部、国家发展改革委联合印发了《房屋建筑和市政基础设施项目工程总承包管理办法》，但其规范层级为规范性文件，属于非立法性文件，其对于发承包双方的风险分担、合同价格形式、法律责任等问题的规定比较笼统。所以，需要在推动EPC工程总承包立法层面的顶层设计及相关配套制度，特别在风险分担等核心内容上进行明确，以便于更好地指导EPC工程总承包模式的开展。

3. 出台《发包人要求》编制的指引文件

从目前发展趋势来看，政府投资项目将会越来越多地采用EPC工程总承包模式，其中发包人非常重要的一项工作就是编制《发包人要求》。《发包人要求》是《建设项目工程总承包合同（示范文本）》（GF-2020-0216）专用合同条件后的第一个附件，从功能要求、工程范围、工艺安排或要求、时间要求、技术要求、竣工试验、竣工验收、竣工后试验、文件要求、工程项目管理规定及其他要求这十一个方面对通用合同条件和专用合同条件进行补充、细化。但附件 1《发包人要求》精简度高，且具备一定的概括性，对于指导市场主体使用该文本缺乏一定的实操性，需要行业主管部门出台《发包人要求》编制的指引性文件，可以包含但不限于条文扩充、示例、编写说明、注意事项等内容，便于市场主体准确编写发包人要求、引导承发包双方恰当履行合同权利义务，以促进工程总承包市场的不断完善和发展壮大。

4. 出台《关于政府投资 EPC 项目报批报建》政策性文件

政府投资 EPC 项目报批报建审批的政策是指政府对 EPC 项目进行立项、审批和建设的一系列程序和规定。EPC 项目是一种综合性的工程承包模式，包括工程设计、采购和施工等环节。政府投资 EPC 项目的报批报建审批政策旨在规范项目的决策和实施过程，提高项目的效益和可持续发展。现阶段，还没有明确的关于政府投资 EPC 项目报批报建的相关政策及指导性文件，具体的报建流程要根据不同地区和项目类型的要求而有所不同，需要根据相关法规和规定进行具体操作。建议主管部门出台相关政府投资 EPC 项目报批报建的政策性文件用以规范项目的决策和实施过程，提高项目的效益和可持续发展，从而促进政府投资 EPC 项目的科学决策和有效管理，为社会经济发展提供有力支持。

5. 制定团体标准

随着标准化工作改革的逐步推进，行业团体标准将在提升行业科学化、规范化、标准化的过程中起到越来越重要的作用。EPC 模式的工程参与者（从业人员、企业、协会、政府主管部门等）应统筹规划，考虑 EPC 模式的特殊性、复杂性等特点，可以考虑制定 EPC 相关工作的团体标准，指导 EPC 模式项目的开展实施。

6. 持续推进政策宣贯

近年来，从国家相关部委到各省市相继发布了工程总承包的一系列政策文件，发承包双方对于政策文件的理解需要进一步加深。承包人方面，尚未建立相适应的管理能力，未充分认识到风险责任的加重，不具备风险加重与工程造价提升的“议价”能力。可以在具备条件的政府投资工程建设项目中采用 EPC 模式进行试点。建设工程发包人方面，对联合体单位的跨专业协调管理缺乏信任，对风险管理与工程造价的关系认识不充分。所以，项目各参建方应充分重视，组织有效的政策宣贯，使从业人员充分认识到工程总承包的优势及发展趋势，充分理解政策文件精神，以便于更好地推进实际工作。特别是作为工程实施主体之一的承包人，重点在房屋建筑和市政建设领域推行工程总承包模式，要快速适应市场的变化，通过相关政策的学习及项目的实践，积极提升对政府投资项目工程总承包模式的认识，不断提高项目管理能力和风险管控水平。

7. 引导职业责任保险的落地及发展

国际工程市场具有比较成熟的职业责任保险体系，通过保险分担承包人（包含设计、施工、采购等）、咨询单位等相关方的职业责任风险。国内政府投资的 EPC 项目，建设单位、EPC 总承包单位都承担了比传统模式项目更多的风险，需要比较完善的职业责任保险体系对冲相应的风险。但国内对于职业责任保险体系的推动尚处于探索阶段，职业责任保险体系的推进是一项系统工程，需要政府及市场主体共同参与，可以采用“政府推动、市场运作”的模式，突出风险预防、充分保障与即时赔付、合理制定费率的特点，积极推进职业责任保险相关工作，既能转移一部分职业风险，还可以带动保险产业的发展。

8. 开展理论、政策及实践多层次的前瞻性工作研究

EPC 工程总承包模式的发展过程中正在或将会遇到理论支撑不强、法规政策不统一、联合体权责不明、风险分担争议及司法实践引领滞后等问题，需要专业力量，包括政府主管部门、参建企业、科研机构等，开展产学研方面的联合研究，开展前瞻性、基础性的工作研究，解决发展过程的相关问题，让从业人员知道 EPC 工程总承包“做什么”，更了解“怎么做”“为什么这么做”以及“将来怎么做”，有利于工程总承包模式的进一步发展。

第三篇

项目案例

第 22 章　政府投资的 EPC 模式某项目案例

某政府投资项目是城市建设的重要组成部分，其项目的大部分标段采用 EPC 工程总承包模式，一小部分标段采用了传统的承发包模式。

22.1　项目特点

1. 政策方面

（1）国家部委出台了一系列关于 EPC 的相关文件，但是对本项目的指导意义有待于进一步观察。

（2）本项目投资来源均是政府投资，必须严格遵守相关文件的要求，特别是“严禁超概”的红线要求。

2. 工程模式方面

（1）相较于在工业领域较成熟的应用，国内公共建筑项目采用 EPC 工程总承包模式的项目较少，而政府投资房屋建筑和市政基础设施项目采用 EPC 工程总承包模式的项目更少，本项目可参考的理论及实践很少，对其采用 EPC 模式提出了挑战。

（2）现阶段，国内真正具备设计施工一体化综合能力承接公共建筑项目的承包人很少，承包人深度参与并熟悉 EPC 模式的专业人员力量储备不是很充分，从业人员对于 EPC 的理解不够深入。但要满足 EPC 模式对于“双资质”的要求，所以承包人的选择基本上都是联合体。本项目 EPC 实施单位均为联合体组成，如何做好联合体成员的整体协调、充分发挥设计作用，从而真正实现 EPC 协作优势，需参建各方共同推动实现。

（3）本项目关于工程咨询或监理工作，未采取国际上的“工程师”模式，也没有采用国内推行的“全过程咨询”模式，而是采取了传统的招标代理、造价咨询、工程监理等咨询工作并行的模式，一定程度上增加了咨询力量。

3. 项目自身层面

（1）在本项目招标阶段，《建设项目工程总承包合同（示范文本）》（GF-2020-0216）还处于征求意见阶段，正式稿尚未发布，对于合同范本的选取、具体条款的拟定等工作提出了挑战。

（2）本项目的建设方、产权方、使用方、运营方为多个单位，存在着管理分散、需求不统一、沟通协调工作量大等特点。

（3）本项目建筑结构形式较单一，主体结构主要采用钢结构工艺模式，虽然采用的是装配式结构，但由于涉及精装修工程相关内容，导致相关工作界面划分增加了协调工作量。

（4）本项目相应的市政配套及道路等需同期建设完成，对于立项、招标及施工等工作的论证及实施增加了难度。

（5）本项目的质量目标为获得鲁班奖，鲁班奖是行业内最高奖项，对项目的安全、质量、工期、造价、文档、科技创新等工作提出了更高的要求，需要全面做好项目实施的过程管理工作，对所有参建方均是一项挑战性工作。

（6）本项目是某市首个大型政府投资项目采用 EPC 工程总承包模式的项目，承担着 EPC 相关理论及实践创新研究、引领后续项目实施的重要使命，过程中对于招标采购、合同管理、BIM 应用、设计管理等重点工作要及时总结经验。

22.2　项目特色措施的效果分析

本项目的 EPC 承包商均为联合体，考虑到项目的特殊性及重要性，实际工作中建设单位对项目工作特别是设计、采购等方面的管理比较细致。

建设单位制定了《建设单位建筑师负责制管理暂行办法》《建设单位设计监理管理暂行办法》《工程重要建材设备驻厂监造实施办法（试行）》《建设工程结算预审计暂行办法》《设计变更和工程洽商管理办法（试行）》等一系列文件，积极引导联合体之间设计、采购和施工环节的相互协调，为项目的平稳推进提供了制度保障。

同时建设单位在本项目的管理工作中，积极借鉴以往的实践经验，积极推进本项目实施，针对性地采取了 EPC 模式适用性论证、建筑师负责制、设计监理、驻厂监造、BIM 技术、第三方安全质量巡视、多家专业咨询单位协同把关等一系列措施，对于项目阶段性的工期、质量、投资控制起到了良好效果，对有效控制投资、提高投资效益并最终实现项目预期目标的实现奠定了坚实基础。具体效果内容如下：

1. 专题论证的效果

通过专题研究，报告分析总结了 EPC 项目实践的成功经验，提出了采用 EPC 工程总承包模式的建议方案，涵盖了 EPC 工程总承包模式的组织形式、介入时间及承包范围、招标前工作方案、招标期间工作方案以及实施方案等内容，为本项目 EPC 模式的试点应用厘清了总体思路。

积极推进专题研究，也体现了建设单位对该模式应用的重视性、严谨性、科学性。通过科学的分析，论证了 EPC 工程总承包模式的适用性，为本项目实施 EPC 模式提供了专业支撑，为 EPC 模式的应用奠定了理论基础，有利于缓解本项目 EPC 模式的组织压力，有利于提高政府投资项目的专业管理水平和风险的管控能力。

2. 组织结构层面措施的效果

（1）推行项目部管理模式的效果。采用项目部制可以更加有效地推进工程建设管理。一是集中了全部的优质资源，提高了决策质量，提升了管理水平。工程建设过程中的项目技术方案论证、设计变更、工程洽商、关键部位的材料选用等均以项目部为平台，征求项目部部门意见后，按建设单位工作程序报相关领导或办公会审议。二是工程建设情况反馈更及时，信息沟通更顺畅，各项目部每周向建设单位反馈工程进展和存在问题。三是职责分工更加明确，项目部成员接受部门和项目部双重领导，代表部门和项目部对项目行使管理权，依据部门和项目部授权，承担项目现场管理责任，并根据工程建设需要驻场办公，推进工程现场工作有效开展。例如：关于有一个标段的幕墙铝合金型材厂商的选用，建设单位在收到总承包单位“关于铝合金型材选用的说明”申报资料、监理单位《关于本工程铝合金型材生产厂商申报资料的审核意见》联系单等资料后，各部门根据职责分工，按照规定流程迅速开展工作，项目组联合企业质量专班小组成员对总承包单位申报资料及监理单位审核意见进行了认真核查，及时做出审批，推进现场工作实施。

建设单位坚持“成熟一个、建设一个”的原则，稳扎稳打推进项目部组建工作，同时根据项目部制运行情况，对管理模式、工作制度和职责进行不断完善，以更高的标准更好的质量推进项目建设。

（2）严格管理人员履约的效果。建设单位在招标文件的合同范本中对投标人员的履约要严格要求，在履约过程中按照招标文件合同要求，重点贯彻落实建筑师负责制、项目经理负责制、总监理工程师负责制的要求，定期检查项目投标人员的履约情况，明示违约的处罚条款，让承包人明白一旦违约要承担的后果。目前，各标段承包商主要负责人均与投标人员一致，具有满足条件的执业资格、良好的工作业绩及综合协调能力。

各参建单位履约良好，为项目的推进提供了良好的人力资源支撑，既保证了工程的顺利进行、维护了企业诚实守信的名誉，也避免了承包人经济上的损失，也在给当前建筑行业中比较艰难执行的履约做出了榜样。

3. 制度层面措施的效果

发包人结合以往项目实际情况，制定了多项管理办法。其中，《建设单位建筑师负责制管理暂行办法》明确了建筑师对于设计工作的权利义务，提升了整体设计水平，从设计上把关减少了洽商变更的发生；《建设单位设计监理管理暂行办法》明确了设计监理的职责分工、工作程序及设计监理人员要求，实现了设计监理的可操作性，仅 2021 年上半年，设计监理完成图纸文件审核 26 份，按照“必须统一、推荐统一、自主设计”三种类型开展了横向对比工作，完成 116 个对比项的比较，增加了厨房设计、减振降噪、有水管线防冻裂、机电设备等专项对比分析，将设计管理工作细化到节点，确保本项目设计一致、措施合理。各设计单位根据审查意见对设计文件进行了优化，提升了设计质量。

各类制度文件有利于相关工作的标准化、规范化、落地化，有利于统一管理各标段的多个参建单位，有利于项目工作的连贯性实施，有利于对项目工期、投资控制目标的实现。

4. 招标方面措施的效果

（1）BIM 技术招标的效果。在招标环节引入 BIM 技术，对该技术的全要素深入应用起到了更加积极的推进作用，有利于进一步提升管理水平、节约投资成本。目前，在本项目中，“四标合一”（经济标、技术标、信用标、BIM 标）招标应用率达 100%。

在此基础上，BIM 技术也在本项目建设管理过程中进行了全面应用，比如：承包商采用 BIM 三维扫描技术对现场地下混凝土结构、地上钢结构进行三维扫描“实测实量”工作，地下室结构大量使用采用微合金技术生产的 HRB500E 级钢筋，最大限度地节约钢材资源，保证工程质量。BIM 技术还在场地布置、全专业模型搭建、辅助图纸会审、流水段划分及工程量提取、辅助深化设计、机电管线排布、设备用房深化、室内净高优化、室外工程优化、综合支吊架设计、施工工序模拟、卫生间通视方案模拟、全专业可视化样板、全息模拟演示等方面进行了多场景的应用，有利于建设单位最终实现投资成本节约、过程管理清晰、后期运营便捷的目标。

（2）关于 EPC 模式招标第三方咨询的效果。通过发包人的积极推动和第三方咨询的专业配合，招标工作顺利完成。

合法合规性方面：回顾整个招标过程，招标程序合法、合规，符合公开、公正、公平的要求。招标采购绩效方面：通过对造价、进度、质量、安全及管理方案的招标成果与招标设定目标的差异进行对比、分析，招标成果达到了招标设定目标；初步设计图深度要求、技术规格书要求可满足工程招标要求；项目 EPC 总承包风险控制中设计计划风险、初步设计风险可控；施工图设计、设计控制基本可控，招标合同、附属文件等满足建设单位对于相关功能的需求。合同执行情况：签订的合同条款有操作性，内容完备、严谨，主要风险点和控制点基本完善。特别是针对固定总价总承包项目中可能出现的降质变更做出了一定的约束。技术条款的落实情况：通过对签订的工程总承包合同技术条款与招标文件中技术条款的对比、分析，招标文件中的技术条款在签订的合同中得到有效落实。整体招标文件投标人响应情况：通过对招标文件的响应情况的评估，投标人对整体招标文件的响应情况较好。招标文件质量情况：通过对招标答疑的内容看，招标文件的逻辑框架清晰、条款设置内容全面；通过评标过程中专家对评分标准的反馈和评标成果来看，评分标准准确、公正、合理、实施性强。

5. 合同方面措施的效果

（1）合同措施的效果。相比较传统的承包模式的施工合同条款，项目的 EPC 工程总承包合同在合同条款上更加细化、约定更加明确。合同条款更符合本项目的实际情况，合同的条款执行起来更具有实操性，既维护了发包人的利益也没有损害承包人的合法权益。

EPC 工程总承包合同采用固定总价方式，并设立了暂列金额项，有效地控制了工程的造价。比如，采取传统承发包模式的标段因选用的是固定单价合同方式，后续变更洽商已发生多项，而采取 EPC 工程总承包模式的标段，则采用了固定总价的方式，截至 2022 年初尚未发生变更。

（2）细化发包人要求的效果。结合前期工程相关设备技术规格书，补充完善给水排水、暖通、电气工程三个专业 17 项材料设备技术规格书，作为投标人报价及实施、验收的依据纳入招标文件。技术规格书配套招标图纸使用，很好地补充了建设项目的质量要求，在招标文件中的技术规格书将影响质量和价格，且在招标图纸中对没有详细列明的主要设备材料进行了详细界定，要求投标人响应。为投标人报价提供了标准，也约定了项目后续执行的标准。同时，约定了承包人负责采购的主要材料、设备选用标准应参考《承包人负责采购的主要材料、设备选用标准参考表》所列的品牌或厂家，若承包人认为参考品牌不足或不够的，可根据发包人要求任务书中明示的标准，并参考发包人所列的品牌或厂家，选择相当于或高于所列品牌的技术和质量标准的材料设备。如果承包人不选择这些品牌，要求按照材料代换的约定执行。

通过细化发包人要求，在项目实施过程中的材料设备采购有了控制的标准和基础，同时将发包人的管理意图传达给监理人，非常有利于对设备材料进行验收和质量控制。

6. 设计方面措施的效果

（1）建筑师负责制的效果。建设单位采用了初步设计单位作为建筑师负责制的责任单位，主要是考虑初步设计单位对建设单位的需求已经比较了解，领会建设单位对 EPC 管控的要求，且从权责上跟建设单位的利益保持一致。最终的决策是以 EPC 联合体内的设计单位作为建筑师负责制的责任单位，主要也是在 EPC 招标完成后，有的地块的施工图的设计单位就是初步设计单位，施工图设计单位与初步设计单位为不同单位的项目，在下发要求时也要求初步设计单位做了配合，这样就实现了对建筑师团队的良好管理，加强设计管理的同时有利于充分发挥建筑师在整个项目管理中的作用。

《建筑师负责制暂行办法》的出台，创新性地赋予了责任建筑师及其团队相应管理职责，明确了由施工图设计单位作为建筑师负责制的实施主体，规范了责任建筑师及设计师团队主要工作程序，通过对设计单位、责任建筑师及建筑师团队的信用管理档案及质量违约处理等措施，有效保障了建筑师负责制相关工作落实到位。在履行好设计单位的法定职责的基础上，对设计相关技术、造价、进度、质量、安全等进行全面管控，实现了责任建筑师及其团队全过程参与工程管理，保证了工程建设品质。

（2）限额设计与优化设计的效果。为防止工程 EPC 总承包单位通过不合理的“设计优化”“高标准设计、低标准施工”，甚至降低项目品质要求，施工图设计必须经发包人及入驻咨询单位从平面布局、使用功能角度进行审核。当 EPC 总承包人对图纸进行优化、提出不同的设计方案时，建设单位需对其进行审核，避免承包人为追求利润的动机，以次充好、降低标准。

同时要求各参建单位严格审图：对设计单位审核是否符合招标图纸要求，审图单位审核设计是否满足规范强制性条文规定，造价咨询单位从造价控制方面进行审核，监理单位审核工程做法、材料材质、技术参数等是否满足要求等。有利于确保工程设计概算、施工图预算不突破投资限额指标。

7. 监理方面措施的效果

（1）设计监理的效果。《设计监理暂行办法》的出台，旨在充分发挥监理单位作用，规范设计监理工作，督促设计监理落实责任。一是明确了设计监理的职责分工、工作程序及设计监理人员要求，实现了设计监理的可操作性。二是明确了初步设计阶段、施工图设计阶段的设计监理工作内容，在现有施工图设计文件强审基础上，突出了建筑功能、结构体系、功能系统等的合理性和适用性，以及设计图图面表达的正确性、闭合性、可实施性等设计监理内容，有效提升了图纸质量。三是提出了建立设计质量信用档案和质量违约处理等措施，保障了设计监理工作落实到位。

本项目启动地块监理单位陆续完成招标后，各监理单位立即启动设计监理工作，均成立了设计监理组织机构，通过聘请本集团设计院专业设计人员或外聘设计院专业设计人员充实技术力量，并及时开展了设计审查工作。比如，组织对减振降噪设计工作的专题会议，提出设计监理意见；结合以往周边项目的节能反馈问题，完善节能专项对比表；针对物业单位提出的要求，组织各标段机电专业设计、设计监理专题会议，形成统一意见；梳理关于建筑专业指导意见及设备用房建筑做法的指导意见。

（2）驻厂监造的效果。建设单位借鉴预拌混凝土驻厂监理制度，延伸建材设备监管范围，在工程建设领域首次提出对影响结构安全与功能的重要建材设备实行驻厂监造制度。建设单位在制定实施办法的时候，不搞“一刀切”，而是综合考虑工程需求、产品特点、成本费用等因素，对驻厂监造进行精细化管理。一是对预拌混凝土、装配式混凝土结构性部品部件、钢结构构件等结构性材料，实行生产、供应主要过程监督的驻厂监造方式。二是对外墙石材以及部分机电设备，实行重点环节监督的抽查监造方式。三是根据工作需要，组织开展联合检查。同时，为减轻企业负担，建设单位在保证限额设计、限额施工的前提下，统筹安排驻厂监造费用，保证监造各方责任明晰、工作高效。

本项目采取驻厂、抽查、联合检查等多种方式，对影响结构安全与功能的重要建材设备实行监造，截至目前监理单位已累计提交驻场监造周报 300 余期。建设单位组织协调各方及时处理存在的问题，保证主要材料设备品质。

8. 投资方面措施的效果

（1）工程款“双月+节点”支付的效果。EPC 模式下的工程款双月支付+按节点支付的方式，相比较传统模式下的按月计量支付模式，具有更好的效果。首先双月支付，对建设单位和 EPC 总承包单位来说，审批及申报费用次数减少了，节省了时间和减少了工作量；其次，采用节点支付，对总承包来说可以更好地把控工程进度，措施得当，使工程进度提前达到节点，及时回款，对资金的周转使用带来很大的便利，提高了其工作积极性；对建设单位来说，如果可以提早竣工，在保证质量、安全的前提下，项目提前投入使用，可以带来社会效益方面的有利影响。目前，投资控制按照合同约定顺利实施，无超付现象。[21]

（2）设计费支付的效果。传统模式下支付约定为：“预付款 20%，初步设计完成概算批复后支付合同额的 10%，施工图预算完成，优化设计调整及图纸会审完成支付合同额的 40%，竣工验收完成支付合同额的 10%，待设计结算完成后支付尾款”。EPC 总承包模式下支付约定：“预付款即支付签约合同价中的设计费的 20%，施工图设计完成（即完成施工图审查）后支付至签约合同价中本地块建安工程费所对应的设计费的 80%”。通过比较分析，可以看出：EPC 总承包模式下的设计费支付节点设置少于传统模式，且节点设置并不完善。如果节点设置过少对设计的管控程度可能相对要弱些，如果设计费用的支付达到合同额的 80%，后期还有大量的设计配合工作未完成，一方面对发挥设计单位后续工作的积极性产生不利影响，另一方面资金的使用效率降低，将会产生后期资金短缺的风险，增加项目管理的难度。在支付模式上将施工进度款与设计费分别支付，一方面不能充分体现 EPC 设计施工融合的特点，另一方面不利于 EPC 联合体牵头单位的综合管理。

（3）变更洽商实施效果。传统模式下在变更洽商的管理中，变更范围、变更程序及变更估价原则相对简单；EPC 模式下，对变更洽商的范围进行了明确规定，比如设计变更范围、采购变更范围、施工变更范围均在合同专用条款中明确，内容翔实准确；对变更估价的原则从计价依据到人、材、机价格，取费标准，总价措施等各要素均有明确约定；在变更洽商的执行过程中做到依据充分，目标明确。

截至目前，与采用传统 DBB 模式的发生多项变更洽商的情况相比，采用 EPC 总承包模式的标段均未发生变更洽商，EPC 模式关于变更洽商工作对投资控制效果更好。

（4）工程结算预审计实施效果。全面发掘现有项目成本的问题，并提出发现问题的整改意见，可以有效提升工程结算质量，提高资金支付质量，降低工程结算风险。通过有效的审计方法和有效的改进措施，项目管理和控制能力得以提高，并且可实现投资建设项目的项目投资效益最大化。

（5）价格调整实施效果。在施工过程中，材料价格上涨超过合同约定风险幅度即触发合同调价条款。根据 2021 年以来的钢材等主要建筑材料价格上涨超过 6% 的实际情况，发包人和承包人双方已按照合同约定进行了友好协商，原则上达成调价一致意见。

及时对材料价格进行调整，合理降低了工程建设材料价格异常波动带来的风险，切实维护发承包双方的合法权益；消除了潜在的质量、安全隐患。稳定了建筑市场秩序，保证了施工合同的正常履行。

9. 智慧建造监管平台

建设单位创新性地将工程管理与 BIM（建筑信息模型）技术相结合，引进智慧应用和解决方案，以更加精细和动态的方式提升工程项目的管理水平，对施工过程中的进度管理、现场协调、投资管理、质量安全、材料管理、劳务管理等关键过程进行直观有效监管。目前，建设单位已将本项目的新开工项目全部纳入平台管理，借助互联网+BIM 相关技术，搭建了集成交付平台，充分利用了云计算、大数据、物联网、5G、人工智能等技术，基于全过程 BIM 应用，实现了项目各参与方在项目全生命周期跨专业、跨职能的合作，减少了各专业的设计协同工作，提升了项目参与方界面管理工作的协同效率，减少了不必要的组织内耗。

附录 A　地方政策文件清单

2019 年 12 月住建部、发改委联合印发了《房屋建筑和市政基础设施项目工程总承包管理办法》（建市规〔2019〕12 号），对工程总承包的定义、适用范围、承发包条件、实施要求等方面进行了规定。随后，各省市相继发布了工程总承包的相关政策文件。为更方便了解相关政策文件精神，并为进一步推进政府投资的 EPC 项目的实施，对建市规〔2019〕12 号之后各省（含部分市、区）关于 EPC 工程总承包相关政策文件进行了梳理，形成清单如下：

2020 年各地区政策文件一览表

序号	地区	文件	文号	时间	备注
1	吉林	关于规范房屋建筑和市政基础设施项目工程总承包管理的通知	吉建办〔2020〕34 号	2020. 5. 8	
2	广西	关于印发房屋建筑和市政基础设施项目工程总承包管理办法的通知	桂建管〔2020〕11 号	2020. 3. 21	
3	陕西	关于贯彻落实《房屋建筑和市政基础设施项目工程总承包管理办法》的通知	陕建发〔2020〕1060 号	2020. 5. 29	
4	河北	关于支持建筑企业向工程总承包企业转型的通知	冀建建市函〔2020〕28 号	2020. 3. 25	
5	甘肃	《甘肃省房屋建筑和市政基础设施项目工程总承包招标评标定标办法》	甘建建〔2020〕160 号	2020. 4. 30	本办法有效期 2 年
		甘肃省住房和城乡建设厅甘肃省发展和改革委员会关于贯彻落实住建部、国家发改委《房屋建筑和市政基础设施项目工程总承包管理办法》推行工程总承包的通知	甘建建〔2020〕73 号	2020. 3. 3	

（续）

序号	地区	文件	文号	时间	备注
6	江苏	《关于推进房屋建筑和市政基础设施项目工程总承包发展的实施意见》	苏建规字〔2020〕5 号	2020. 7. 23	
7	贵州	关于转发住房和城乡建设部国家发展改革委关于印发房屋建筑和市政基础设施项目工程总承包管理办法的通知	黔建建通〔2020〕15 号	2020. 2. 25	
8	四川	四川省房屋建筑和市政基础设施项目工程总承包管理办法	川建行规〔2020〕4 号	2020. 4. 2	本办法有效期 5 年
9	山东	山东省关于印发《贯彻<房屋建筑和市政基础设施项目工程总承包管理办法>十条措施》的通知	鲁建建管字〔2020〕6 号	2020. 7. 13	
10	安徽	关于公开征求《关于加快推进房屋建筑和市政基础设施项目工程总承包发展有关工作的通知（征求意见稿）》意见的公告	/	2020. 8. 7	
11	新疆	关于印发《新疆维吾尔自治区房屋建筑和市政基础设施项目工程总承包管理实施办法》的通知	新建规〔2020〕5 号	2020. 10. 30	

2021—2022 年各地区政策文件一览表

序号	地区	文件	文号	时间	备注
1	浙江	浙江省住房和城乡建设厅浙江省发展和改革委员会关于进一步推进房屋建筑和市政基础设施项目工程总承包发展的实施意见	浙建〔2021〕2 号	2021. 02. 03	原浙建〔2016〕5 号废止
		浙江省人民政府办公厅关于推动浙江建筑业改革创新高质量发展的实施意见	浙政办发〔2021〕19 号	2021. 4. 20	
2	湖北	关于印发湖北省房屋建筑和市政基础设施项目工程总承包管理实施办法的通知	鄂建设规〔2021〕2 号	2021. 1. 28	
3	上海	上海市建设项目工程总承包管理办法	沪住建规范〔2021〕3 号	2021. 5. 1	本办法有效期 5 年

（续）

序号	地区	文件	文号	时间	备注
4	福建	关于开展工程总承包延伸全产业链试点的通知	闽建筑〔2021〕10 号	2021.7.7	
5	湖南	关于《湖南省房屋建筑和市政基础设施工程总承包招标评标暂行办法》的解读	/	2021.7.8	
		湖南省住房和城乡建设厅关于印发《湖南省房屋建筑和市政基础设施工程总承包招标评标暂行办法》的通知	湘建监督〔2021〕36 号	2021.6.17	
6	山西	关于进一步推进山西省房屋建筑和市政基础设施工程总承包的指导意见	晋建市规字〔2021〕107 号	2021.7.6	
7	河北	关于印发《河北省房屋建筑和市政基础设施项目工程总承包管理办法》的通知	冀建建市〔2021〕3 号	2021.12.29	
		再次征求《河北省房屋建筑和市政基础设施项目工程总承包管理办法（征求意见稿）》意见的公告	2021 年第 167 号	2021.11.4	
		关于征求《河北省房屋建筑和市政基础设施项目工程总承包管理办法（征求意见稿）》意见的函	冀建建市函〔2021〕146 号	2021.9.18	
8	河南	关于进一步做好房屋建筑和市政基础设施项目工程总承包管理的通知	豫建行规〔2021〕5 号	2021.8.25	
9	天津	天津市住房城乡建设委关于印发天津市房屋建筑和市政基础设施建设工程企业信用评价管理办法的通知	津住建发〔2021〕11 号	2021.8.11	本办法有效期 5 年
10	海南	海南省住房和城乡建设厅关于印发《海南省房屋建筑和市政工程工程总承包（EPC）标准招标文件（2022 年 2.0 版）》的通知	琼建规〔2022〕17 号	2022.9.27	
11	四川	四川省住房和城乡关于四川省房屋建筑和市政基础设施项目工程总承包合同计价的指导意见	川建行规〔2022〕12 号	2022.10.8	有效期至 2025 年 6 月 30 日

附录B 建设单位主要文件清单

建设单位全程参与工程项目，进行项目管理工作，建议制定的主要管理办法文件清单如下：

（1）《工程总承包建设方式管理办法》。

（2）《建设工程结算预审计暂行办法 》。

（3）《工程结算管理暂行办法》。

（4）《工程建设管理办公室项目部职责》。

（5）《建设单位设计变更和工程洽商管理办法》。

（6）《建设单位设计监理管理暂行办法》。

（7）《建设单位建筑师负责制管理暂行办法》。

（8）《建设单位工程重要建材设备驻厂监造实施办法》。

参考文献

[1] 王海滨．政府投资项目采用 EPC 模式深析 [J]. 中华建设，2020（11）：44-45.

[2] 李光伟．EPC 工程总承包项目的设计管理研究 [J]. 水电站设计，2021，37（1）：55-57.

[3] 刘大宾．EPC 工程总承包管理模式的运行探讨 [J]. 中国住宅设施，2021（5）：29-30.

[4] 李瑞．建设项目设计管理的研究 [D]. 重庆：重庆大学，2008.

[5] 范云龙，朱星宇．EPC 工程总承包项目管理手册及实践 [M]. 北京：清华大学出版社，2016.

[6] 郭丽．浅析 EPC 工程项目合同管理 [J]. 经济师，2012，7（3）：252-253.

[7] 刘玉珂．建设项目工程总承包合同示范文本（试行）组成、结构与条款解读（上）[J]. 中国勘察设计，2011，7（3）：11-12.

[8] 陈津生．EPC 工程总承包合同管理与索赔实务 [M]. 北京：中国电力出版社，2018.

[9] 凌震．FIDIC 设计采购施工（EPC）/交钥匙工程合同条件下国际工程项目的索赔 [J]. 现代经济信息，2012（19）：165-166.

[10] 刘文明．EPC 总承包项目部的合同管理重点及措施 [J]. 项目管理技术，2011，9（4）：79-82.

[11] 孟凡宾．房建项目采用 EPC 模式开发建设探索 [J]. 电力勘测设计，2021（6）：154-155.

[12] 蒋梦菲．基于 EPC 模式的项目进度管理研究 [J]. 项目管理技术，2020，18（9）：106-110.

[13] 李文峰．EPC 工程总承包项目前期策划要点研究 [J]. 江西建材，2021（3），242-244.

[14] 李金娟．政府投资工程采用 EPC 工程总承包模式风险分析及控制研究 [J]. 工程建设与设计，2020（11）：263-265.

[15] 陈勇强．FIDIC 2017 版系列合同条件解析 [M]. 北京：中国建筑工业出版社，2019.

[16] 李盼．2006—2020 年 EPC 模式下档案管理理论研究综述 [J]. 兰台世界，2021（6）：52-55.

[17] 高慧．EPC 模式下总承包商风险防范研究 [J]. 工程管理学报，2016，30（1）：114-119.

[18] 郭亮亮．EPC 工程总承包模式下的项目风险管理研究 [D]. 沈阳：沈阳建筑大学，2011.

[19] 周可荣．生产设备和设计-施工合同条件 [M]. 北京：机械工业出版社，2002.

[20] 周茂强．制约我国建设方采用 EPC 工程总承包模式的原因与对策 [J]. 中国标准化，2017（12）：81-82.

[21] 朱树英．工程总承包（EPC/DB）讼诉实务 [M]. 北京：法律出版社，2020.